KB203240

음식을 나눈다는 것,

그것은 서로 마주보며 소소한 이야기와 함께 같은 시간과 공간을 공유한다는 것이고,

시간이 지나면 행복한 미소를 짓게 만드는 추억이 된다는 것입니다.

그것이 바로 음식을 통해 나누는 행복이죠.

음식이 추억이 되고

그 시절을 생각하면 저절로 미소가 피어나는 시간을 만들고 싶습니다.

쌀누룩과 함께 한 10년, 자연에서 얻은 천연발효조미료로 만든
'누룩 맛 특별 레시피 100선'

쌀누룩
소금누룩
감칠맛!

쌀누룩과 소금누룩으로 간을 맞춘 세상에서

—

흔히 맛있는 요리를 먹으면 '감칠맛이 난다'고 합니다. 쌀누룩과 소금누룩에서 찾은 바로 그 감칠맛. 맛뿐만 아니라 건강에도 좋은 누룩에서 찾은 천연발효조미료입니다. 쌀누룩과 소금누룩으로 간을 맞춘 세상에서 가장 맛좋고 건강에 좋은 음식을 만들고 싶은 바람입니다.

내가 첫번째로 해주는 조언

요리에 관심 있는 누군가를 만날 때면 늘 첫 번째로 해주는 조언이 있습니다. 가능한 소금과 설탕을 주방에서 치우라고. 너무 짠 음식도 몸에 좋지 않지만 설탕의 단맛 또한 좋지 않아서 그렇습니다. 우리 입맛은 이미 화학조미료나 인공감미료의 맛에 너무 익숙해져 있습니다. 그래서일까요? 우리의 미각은 둔해졌고 더욱더 자극적인 맛을 찾습니다.

흔히 맛있는 요리를 먹으면 '감칠맛이 난다'고 합니다. 감칠맛이란 무엇이며 어디로부터 나오는 것일까요? 긴 숙성 시간을 거쳐 서서히 몸에 이로운 음식으로 변하는 발효음식에서 우리는 그 해답을 찾을 수 있습니다. 입맛이 없을 때는 입맛을 돋우고 아무리 먹어도 싫증나지 않는, 바로 그 발효음식에 감칠맛이 있어서 그렇습니다.

또한 감칠맛은 때마다 제철 재료로 차려주신 엄마의 밥상에서도 찾을 수 있습니다. 우리 몸에 밴 감칠맛이죠. 어린 시절 보았던, 음식을 만들고 나누며 행복해하던 엄마의 모습은 지금 요리연구가의

길을 걷게 한 소중한 씨앗이 되었고, 그 감칠맛을 기억해내는 뿌리가 되었습니다.

나는 바로 그 감칠맛을 쌀누룩과 소금누룩에서 찾았습니다. 맛뿐만 아니라 건강에도 좋은 누룩에서 찾은 천연발효조미료라고 할 수 있죠. 우리들이 일상생활에서 늘 먹고 접하는 국과 반찬, 나물, 찌개 등을 비롯해 다양한 요리까지 천연발효조미료인 쌀누룩과 소금누룩을 이용해 새로운 레시피를 만들고 싶은 꿈이 있었고, 이제야 그 일부를 이 책에서 소개하고 있습니다.
쌀누룩과 소금누룩을 이용한 기본적인 맛내기부터 다양한 요리 레시피까지 기존의 요리책과는 달리 집에서도 활용할 수 있도록 새로운 '누룩 레시피'를 상세하게 가이드하고 있습니다.

모든 요리에 기본이 되는 쌀누룩과 소금누룩

쌀누룩과 소금누룩은 모든 요리에 사용할 수 있습니다. 쌀누룩과 소금누룩을 쓰면 소금과 설탕을 비롯하여 후춧가루, 조미료, 오일의 양 등을 줄일 수 있을 뿐만 아니라 감칠맛까지 더해져 꿈의 조미료라 할 수 있습니다. 쌀누룩과 소금누룩으로 완성된 음식은 시원하고 깔끔한 맛이 그만입니다.

건강에 좋은 음식을 다른 사람들에게 알려보자는 뜻에서 누룩에 관심을 가지게 되었고, 늦은 나이에 일본으로 건너가 쌀누룩과 소금누룩에 대해 공부를 했습니다. 좋은 음식을 사람들에게 베푸는 일은 저를 즐겁게 합니다. 제 자신이 정말 좋아하는 음식들을 많은 사람들과 함께 나눌 수 있으면 좋겠습니다.

앞으로도 쌀누룩과 소금누룩을 이용해 만든 음식에 대해 계속 연구할 생각입니다. 다행히 아직 요리에 대한 호기심이 사그라지지 않았고 새로운 음식에 도전하는 것을 주저하지 않는 열정이 남아 있습니다. 요리에 대한 열정이 나이를 잊게 합니다.

쌀누룩과 소금누룩으로 간을 맞춘 세상에서 사람들에게 가장 맛좋고 건강에 좋은 음식을 만나게 하고 싶습니다.
이런 일상이 또 얼마나 많은 소소한 행복을 가져다줄까요?

2020년 3월
이 인 자

치유의 음식,
쌀누룩 발효음료를 만나다!

—

쉰여섯의 나이에 일본 유학길에 오르다

쉰여섯이라는 늦깎이 나이에 일본 유학길에 오른 이인자 요리연구가. 25년간 대학과 기업체에서 일본어 강의를 하면서 지내온 시간이 '인생 1막'이라면, 요리연구가의 꿈을 안고 일본으로 떠난 것이 '인생 2막'의 서곡이었다. 단지 '치유의 식생활, 자연 장수식'을 추구하는 '매크로바이오틱'(Macrobiotics) 요리를 배우기 위해서였다.

교육과정을 마치고 매달 한 번씩 구마모토현 미사토죠 마을에서 한국 발효음식에 대해 강의를 하였다. 아스파라거스, 양배추, 배추 등 미사토죠 지역에서 생산되는 식재료와 한국 발효음식을 접목시킨 요리수업이었다. 2년 동안 한국 발효 식문화를 전수하는 과정에서 지역 특산물 본연의 맛을 배우고, 그 지역의 전통음식을 접할 수 있었다.

쌀누룩 발효음료를 맛보다

맛의 신세계였다. 일본인들이 즐겨 먹는 미소된장이나 사케는 쌀누룩으로 만든다. '마법의 조미료'라 불리는 소금누룩의 원료가 되는 쌀누룩에 대한 궁금증은 더해갔지만 배울 길이 없어 발을 동동 구르고 있던 중, 한국 발효음식 강의를 듣던 할머니 한 분이 선생님의 진지한 수업과 열정에 감동하여 쌀누룩 만드는 법을 가르쳐주겠다고 하여 쌀누룩과 인연이 되었다.

10년 넘게 사귄 요리 선생님들도 쌀누룩을 가르쳐주지 않는다고 하던 그 비법을 알려주겠다고 했을 때 얼마나 고마웠던지… 그러다 일본의 '쌀누룩 발효명장'인, 지금은 고인이 된 미사토죠 시노즈카 선생을 만나면서 쌀누룩 발효기술을 전수받았다.

1. 일본유학시절 쌀누룩을 배울 때 첫 작품이 성공적으로 완성되어 기뻐하는 모습 **2.** 중국 흑룡강성 대경시에 있는 '한려원'(한식당) 왕 사장님과 만찬 **3.** 헝가리대사관 한국문화원 초청 '옹기와 발효' 전시회에서 강의하는 이인자 선생님 **4.** 소금누룩 **5.** 울주군청에서 주최하는 울주평생학습 주간특강 **6.** 생선누룩

그렇게 기술 전수받고 연구를 하다

"100여 가지 효소가 살아있는 쌀누룩으로 만든 발효조미료, 발효음료, 그리고 소스들을 제 가족이나 한국에 있는 지인들한테 맛보여 주고 싶었어요. 지금까지 맛보지 못한 건강식이라 그런 생각은 더욱 간절했죠."

한국으로 돌아와 바로 만들 수 있을 줄 알았지만 일본 식문화에 맞는 쌀누룩 제품과 한국 식문화에 맞는 쌀누룩 제품은 여러 면에서 달랐다. 우리나라 쌀의 수분 양과 당도도 각양각색이었다. 울산에서 생산되는 쌀을 종류별로 발효하기 시작했고, 온도와 습도를 맞추기 위해 몇날 며칠을 매달리는 날도 많았다. 그렇게 2년 동안의 시행착오를 하고 수 톤의 쌀로 연구와 실패를 거듭하고서야 발효에 최적화된 온도와 습도를 찾을 수 있었다. 그리고 국내 미개척 분야인 쌀누룩 발효 관련 식품을 개발하여 제품화에 성공하였다.

국내외 기술보급에도 힘을 기울여, 예비창업자를 위한 발효기술 멘토링도 실시하고, 관련 저서발간 및 공개강좌, MBC TV와 부산KBS TV 등 여러 방송과 매체를 통해 '쌀누룩 발효식품'의 우수한 효능을 소개하였다. 또한 일본, 중국, 헝가리, 몽골 등에도 우리 발효식품을 전파하고 있다.

2019년 10월에는 그동안의 업적과 실적을 바탕으로 식품의약품안전처장상을 수상했으며, 12월에는 '쌀누룩 발효조미료 및 발효장 부문'에서 한국 명인으로 선정되었다. 현재 이인자 요리연구가는 울산광역시 울주군 서생면에서 '소금누룩익는마을'을 경영하면서 발효식품을 연구, 개발하고 있다.

"책 발간을 축하드립니다"

—

국내 최초 개발, 한국 고유 쌀누룩 발효조미료

'쉬지 않음'은 할 일이 많음이고, '앉지 않음'은 뛰어야 할 일이 많기 때문입니다. 선생님은 소문난, 유명한 일본어 강사로 수많은 제자들을 뒤로 하고 식품영양학 석사를 마친 후 곧바로 일본으로 발효 유학길에 오릅니다. 수년의 각고 끝에 복합발효의 새로운 노하우와 비법을 들고 어느 누구도 접하지 못한 한국 고유 쌀누룩 발효조미료라는 환상적인 신소재를 국내 최초로 개발, 소개하면서 요리에 기능적 혁신을 가져왔습니다. 금번 발간되는 요리책은 그런 활동의 시작에 불과하며 많은 관계자들에게는 더없이 중요한 자료가 될 것으로 확신하는 바입니다. 음식은 맛이기도 하지만 멋이기도 함을 아는 분이라 우리에게는 더욱 소중하고 유용한 책이 될 것입니다.

송재철(식품공학박사, 전 울산대 교수)

매일매일 먹는 일상식을 새롭게 재해석

저염에 관한 관심은 물론 소스에서 심지어 커피까지 점차 발효가 먹거리의 중심이 되어가는 요즘 세상에서 선생님은 매일매일 먹는 일상식을 새롭게 재해석하여 건강한 식생활을 제안하고 있습니다. 이런 선생님의 노력과 시도는 단순히 조리법을 바꾸고 스타일을 제안하는 기존 조리서와 달리 우리 시대에 매우 의미있는 접근이라 할 것입니다. 발효를 기반으로 한 식문화는 가공식품 소비를 통해 당과 염분섭취가 늘어가고 자극적인 입맛에 길들여지는 과정에서 균형을 잃어가는 현대인의 식생활 습관을 보완하고 식탁에서 건강을 지키려는 밥상 위의 보약입니다. 이 책의 출간을 계기로 더 많은 이들이 발효음식문화의 가치를 이해하고 널리 배워 새로운 식문화가 확산되는 계기가 되길 기원합니다.

이수부(미니멀리스트 키친 대표)

우리 삶에 보약같은 요리책이 되길…

얼굴이 인자해서 '인자'라고 이름을 지었을까요? 그래서 평소 만날 때마다 얼굴에는 '인자한 미소'가 가득한 모습에 맛깔 나는 음식 솜씨까지 갖췄으니 '참, 괜찮은 사람입니다'라고 부르고 싶고, '참, 멋있다'라고 표현하고 싶습니다. 이렇게 매력이 넘치는 선생님이 이번에 두 번째 요리책을 출간한다고 하니 더 존경스럽고, 칭찬을 아니 할 수 없습니다. 우리 사회로부터 존경받고 '꼭! 필요한 사람'이 아닐까 생각합니다.

아마도 이 책은 쌀누룩과 소금누룩꽃을 활짝 피워 평소 자신의 자질과 능력을 솜씨로 발효시켜 우리의 음식문화를 개선하고 인간이 살아가는데 가장 유익하고 도움이 될 수 있는 보약같은 요리책이 될 것입니다. 만인의 삶의 지침서가 될 것입니다.

신장열(전 울주군수(3선))

더 많은 만남을 가지고 싶습니다

이인자 선생님과 저는 돌아가신 아버지로 인해 알게 되었습니다. 생전에 아버지께서는 술 한 잔 드시고 기분이 좋아지면 반드시 이인자 선생님과 남편인 윤용익 대표와 함께 쌀누룩, 감주, 막걸리에 대한 이야기를 즐겨 하시곤 했습니다. 아버지의 바람은 제가 한국과 일본 양국을 오가며 일을 하는 거 였습니다. 일본에서 식품회사를 경영하고 있는 관계로 선생님과는 좀처럼 시간을 낼 수가 없었습니다.

아버지의 생전 생각처럼, 그리고 이인자 선생님과 윤용익 대표님의 생각처럼 저 역시 더 많은 시간을 내어 이인자 선생님과 교류를 하려고 합니다. 선생님은 한국, 일본, 아시아뿐만 아니라 글로벌하게 활약하고 계시니 젊은 저도 항상 자극을 받습니다. 이인자 선생님은 도대체 몇 살일까요? 책 발간을 축하드리며 앞으로도 계속해서 발전하기를 믿어 의심치 않습니다.

시노즈카 마사노리((주)시노즈카 대표이사)

차 례

쌀누룩, 소금누룩, 감칠맛!

—

쌀누룩과 함께 한 10년, 자연에서 얻은 천연발효조미료로 만든

'누룩 맛 특별 레시피 100선'

Part_3

누룩과 함께 하는 일품요리 26

“한그릇요리와 스테이크,
부침개로 솜씨자랑 좀 했어요”

쌀누룩, 소금누룩, 감칠맛!

Part_4

누룩과 함께 하는 초간단 건강식 22

"샐러드, 스프, 건강음료,
그리고 디저트로 몸을 가볍게 하세요"

Part_5

누룩과 함께 하는 저장음식 21

"김치, 매운 양념장, 소스류,
그리고 조청도 만들 수 있어요"

쌀꽃
요거트

꿈의 발효조미료,
누룩을 만나
요리에 빠지다

달다, 짜다 같은 어느 한 단어로 표현할 수 없는 오묘한 맛인 감칠맛처럼 삶에도 이런 감칠맛나는 순간들이 있다.
지금까지의 삶보다 한발짝 더 도약한 발효음식 요리연구가로서,
더 풍부해질 미래의 여정을 떠나고 싶다.

효소를 품은 '누룩균 스토리'

누룩이란 쌀, 보리, 밀, 콩 등에 누룩균을 번식시킨 것을 말한다. 쉽게 말해 술이나 장류 같은 발효식품을 만드는 발효종균이라고 할 수 있다. 된장, 간장, 김치와 같은 발효식품은 누룩균에 있는 효소의 분해작용을 이용해서 만든 것이다.

누룩으로 만든 발효음식, 왜 맛이 좋고 건강에 좋은가?

혀가 느끼는 맛에는 단맛, 신맛, 짠맛, 쓴맛이 있다. 그리고 여기에 맛의 풍미를 더 깊게 해주는 또 하나의 미각인 감칠맛이 더해져 비로소 '오미'(五味)가 된다.

감칠맛을 제대로 느낄 수 있는 음식이 바로 누룩으로 만든 발효음식이다. 누룩을 만드는 과정에서 생성된 효소가 음식재료의 세포를 분해함으로써 발효가 진행되고, 단맛이 나는 포도당과 감칠맛을 내는 필수 아미노산이 만들어진다. 이들이 작용해 재료 본래의 향이 진해지고 풍미가 더해져 맛이 좋아진다.

또한 효소는 원재료의 세포를 잘게 분해해서 소화가 잘되게 한다. 보통은 사람이 음식을 먹으면 입에서부터 소화가 시작된다. 그러나 누룩으로 만든 음식은 먹기 전에 이미 소화가 시작되므로 그만큼 소화가 빠르다. 따라서 영양분의 흡수효율이 높아져 우리 몸이 충분히 흡수를 한다.

아직 연구단계이지만 누룩에는 항스트레스 성분인 가바(GABA : Gamma Amino Butyric Acid, 아미노산의 일종)와 미용에 좋은 누룩산(Koji Acid) 등 다양한 영양성분이 포함되어 있다.

몸에 중요한 효소를 만드는 누룩

우리 몸은 몸속에 있는 효소를 필요에 따라 소화효소나 대사효소로 바꿔 사용하는 융통성이 있다. 한평생 사용할 수 있는 체내 효소의 양은 정해져 있어 나이가 들면서 효소량은 점점 줄어든다.

나이가 들면서 기름진 음식이 싫어지는 이유가 바로 지방을 분해하는 리파아제(Lipase) 효소가 줄어들기 때문이다. 그러므로 우리 몸속의 효소가 면역력, 신진대사, 자연치유력을 높이는 대사효소로 쓰일 수 있도록, 소화효소로 쓸 수 있는 식물효소를 음식으로부터 많이 섭취하는 것이 중요하다.
소화효소는 음식을 소화하고 분해해서 소화를 빠르게 하고 우리 몸이 영양분을 충분하게 흡수할 수 있도록 만들어 준다. 소화와 흡수가 잘 되면 장내 환경이 정비되어 변비가 없어진다. 대사효소는 체내 신진대사를 촉진하며 몸속의 독소를 배출하고 면역력을 높인다. 그리고 세포의 재생과 수정, 호르몬 밸런스의 조정 같은 다양한 역할을 한다.
식물효소는 음식의 소화를 돕는 소화효소와 비슷한 역할을 한다. 음식섭취로 얻는 식물효소는 대부분 40~60℃에서 활성화되며 60℃를 넘으면 변질되어 효소로서의 기능을 잃어버리므로 뜨겁게 가열하지 않아야 한다.

'발효식은 면역력을 높인다'

우리 몸은 면역세포를 만드는 백혈구 중 림프구의 약 70%가 장에 집중되어 있다. 장에는 몸에 유익한 유익균과 유해한 물질을 만들어내는 유해균이 있다. 유익균이 증가하면 장내 환경이 안정되고, 유해균이 늘어나면 부패가 일어나 설사나 변비가 된다. '발효식은 면역력을 높인다'라는 설명이 가능하다.
우리나라를 비롯한 중국, 일본, 동아시아 발효식품 문화권에서 누룩은 없어서는 안 될 귀중한 식재료이고 누룩으로 인해 다양한 음식문화가 발달되었다.

쌀누룩 꽃피다

—

쌀 고두밥에 누룩균을 번식시켜 만든 쌀을 '쌀누룩'이라고 한다. 주로 청주, 소주, 감주, 맛술, 된장, 간장 등의 제조에 사용된다. 쌀과 누룩균, 물만 있으면 만들 수 있는 쌀누룩은 인공 화학조미료 없이도 모든 음식을 맛있게 만들어준다.

쌀누룩의 힘과 효능

1. 영양흡수의 효율성을 높인다

쌀누룩에 포함되어 있는 소화효소 중의 하나인 아밀라제(Amylase)는 전분을 포도당으로, 프로티아제(Protease)는 단백질을 필수아미노산으로 분해해서 음식의 단맛과 감칠맛을 좋게 한다. 이러한 효소는 우리 몸이 섭취하기 용이하도록 영양소를 분해시킨다. 소화가 잘될 뿐만 아니라 섭취하기도 쉬워 위나 장에 부담을 주지 않고 영양흡수율을 높인다.

2. 식자재의 보존성을 높인다

누룩은 발효에 의해 특정 미생물이 증가하면 다른 균의 증가를 억제하는, 즉 결항작용(結抗作用)이 있어 보존성이 높아진다. 따라서 발효로 생성된 초산, 유산, 누룩산(Koji Acid), 알코올은 멸균작용이 있어 부패를 방지하므로 육류, 어류, 채소 등의 보존성이 높아진다.

3. 면역력을 높인다

장은 인체 최대의 면역기관이고 전신 면역력의 70%가 장에서 만들어진다. 비타민 B1, B2, B3, B5, B6, B9(엽산), 비타민 E, 미네랄, 식이섬유가 풍부한 쌀누룩은 장내 유익균을 증가시켜 장내의 환경을 개선시키므로써 알레르기, 감기, 암예방에 효과가 있다.

4. 활발한 대사작용으로 다이어트에 효과가 있다

- 유산균에 의해 장내 환경을 좋게 하며 노폐물을 배출한다.
- 스트레스 해소 : 발효식에 포함되어 있는 GABA에는 항스트레스 작용이 있다.
  GABA는 천연아미노산의 일종으로 뇌의 흥분을 진정시켜 스트레스 해소 작용이 있다.
- 항산화 작용으로 젊음을 유지시켜주고 건강한 생활습관으로 병에서 자유로워질 수 있다.

5. 신진대사(代謝)를 높인다

쌀누룩에는 아밀라제(Amylase), 프로티아제(Protease), 리파아제(Lipase) 등의 효소 외에 100여 종의 효소가 있다. 이들 효소 중에서 아밀라제 효소는 전분을 포도당으로 분해해서 우리 몸의 피로를 빨리 회복시키고 혈액순환 원활, 항암작용, 피부미용 효과, 신진대사 원활, Anti-aging 효과가 있다.

쌀누룩 사용은 이렇게!

완성된 쌀누룩은 누룩균이 살아 있으므로 냉동하거나 건조시켜서 보관한다. 일주일 정도는 냉장 보관도 가능하지만 그 이상이면 냉동 보관한다. 냉동했던 쌀누룩은 상온에서 바로 누룩균의 활성화가 이루어지므로 건조된 쌀누룩에 비해 활성화 시간이 빠른 장점이 있다.

소금누룩에 반하다

소금누룩은 쌀누룩에 소금과 물을 섞어 2차 발효, 숙성시킨 천연조미료이다. 소금누룩은 식재료의 풍미를 끌어올려 다른 조미료보다 요리의 감칠맛을 느끼게 해준다. 소금누룩은 소금과 비교했을 때 염분이 1/4정도이므로 맛은 물론 건강 면에서도 도움이 된다.

식재료 본래의 맛을 향상시키는 소금누룩의 효능

소금누룩은 소금에서 얻을 수 없는 비오친(Biotin = Vitamin B7) 등의 비타민 B 군(群)과 식이섬유를 풍부하게 포함하고 있을 뿐만 아니라 소금누룩을 이용해서 만든 음식들은 효소의 힘으로 피부미용과 피로회복에 좋은 음식으로 변화된다.

소금누룩에는 매일 섭취해야 하는 비타민과 미네랄 영양성분이 많이 포함되어 있다. 또한 누룩균이라는 미생물이 포함되어 있기 때문에 효소가 풍부해 포도당과 필수아미노산을 만든다. 이런 효소의 힘으로 소금누룩을 넣은 음식은 엄마의 손맛같은 맛있는 감칠맛을 느끼게 해준다.

특히 육류 및 생선류에 소금누룩을 바르거나 절이면 식품 중의 전분, 단백질이 당과 아미노산으로 가수분해되어 육류 특유의 냄새나 생선 특유의 비린내가 없어지면서 연하고 맛있는 요리가 된다. 채소류들은 재료 본래의 맛과 향이 배가 된다. 그리고 가장 큰 장점은 소금누룩의 사용으로 음식의 염도를 줄일 수 있다는 것이다.

소금누룩은 이렇게 사용하세요

1. 소금누룩은 기본적으로 소금을 이용하는 모든 요리에 다양하게 사용한다.
2. 육류나 생선을 숙성, 발효시켜 육류와 생선 특유의 냄새와 비린 맛을 제거하는데 사용한다.
3. 소금누룩은 냉장 보관한다.

이렇게 만드세요!

소금누룩

—

재료

쌀누룩 200g, 소금 70g, 생수 250㎖

만들기

1. 깨끗한 용기에 쌀누룩을 넣고 손의 체온으로 비빈다.
2. 손으로 쥐었을 때 쌀누룩이 뭉쳐지면 소금을 넣고 섞는다.
3. ②에 생수를 넣고 섞으면서 젓는다.
4. 뚜껑을 덮고 햇볕이 들지 않는 실온에서 보관하고, 하루에 한 번씩 섞으면서 젓는다.
5. 여름에는 1주일, 겨울에는 10일 정도 보관한 후 믹서에 갈아 소독한 병에 넣고 냉장 보관한다.

소금 350g
생수 1.7ℓ
메주가루 1kg
쌀누룩 1kg
완성된 쌀누룩발효저염된장

쌀누룩발효저염된장

—

재래식 된장보다 염도가 1/3수준

1. 쌀누룩으로 발효시킨 '쌀누룩발효저염된장'은 기존 재래식 된장보다 염도를 1/3수준으로 낮춘 저염된장이다.
2. 쌀누룩이 25%나 들어가 유산균이 풍부하고 감칠맛이 뛰어나 기존의 재래식 된장과는 달리 사계절 언제나 담글 수 있는 새로운 개념의 쌀누룩발효된장이다.
3. 쌀누룩발효저염된장은 냉장 보관한다.

이렇게 만드세요!

쌀누룩발효저염된장

—

재료

쌀누룩 1kg, 메주가루 1kg, 생수 1.7ℓ, 소금 350g

만들기

1. 깨끗한 볼에 재료를 담아 고루 섞은 후에 소독한 용기에 담는다.
2. 3일에 한 번씩 잘 저어서 꼭꼭 눌러 놓는다.
3. 여름에는 15~20일 정도 실온에서 발효시켜 냉장 보관한다.

cooking tip

생수의 양은 여름에는 1.6ℓ, 겨울에는 1.7ℓ로 조절한다. 시간이 지날수록 깊은 맛이 난다.

쌀꽃요거트 5병
맛간장 250ml
소금누룩 250g
소주 1컵
고운 고춧가루 500g
쌀누룩 500g
메주가루 250g
소금 175g

쌀누룩발효저염고추장

—

완성된 쌀누룩발효저염고추장

이렇게 만드세요!

발효저염고추장(유산균고추장)

—

재료

쌀누룩 500g, 소금 175g, 맛간장 250㎖, 소금누룩 250g, 소주 1컵, 고추장용 고운 고춧가루 500g, 메주가루 250g, 쌀꽃요거트 5병

만들기

1. 쌀누룩과 소금, 맛간장, 소금누룩 순으로 넣고 섞듯이 버무린다.
2. 소주와 고춧가루, 메주가루, 쌀꽃요거트 순으로 넣고 다시 한 번 섞듯이 주무른다.
3. 모든 재료를 골고루 잘 섞어 소독된 용기에 넣고 상온에 둔다.
4. 3~4일 간격으로 한 번씩 골고루 섞는다.
5. 여름에는 15일, 겨울에는 20일 정도 실온에서 발효시킨 후 상온 보관한다.

cooking tip

햇볕에 발효시켜서는 안 된다. 시간이 지날수록 깊은 맛이 난다.

자연스런 단맛, '식물성' 쌀꽃요거트

'마시는 링거'(Ringer Solution)라고 불릴 만큼 영양성분이 풍부한 쌀꽃요거트는 찹쌀과 멥쌀을 혼합한 후 쌀누룩으로 발효시켜 만든다. 포도당이 20%나 함유된 영양과 효소가 가득한 '식물성 요거트'인 발효건강음료이다. 설탕을 전혀 사용하지 않았는데도 자연스러운 단맛이 난다. 냉동실이나 냉장고에 보관하고 매일 아침 밥 대신 쌀꽃요거트로 건강을 챙길 수 있다. 쌀꽃요거트는 따뜻하게 해서 마셔도 좋고, 차게 해서 마셔도 좋다.

달콤하면서 자연스러운 감칠맛

쌀꽃요거트는 쌀누룩의 구수하고 고소한 향이 난다. 설탕이 전혀 들어가지 않았는데도 쌀이 발효되면서 만들어낸 포도당 때문에 자극적이지 않고 순한 단맛이 난다.

효소가 원재료의 세포를 잘게 분해하기 때문에 소화 흡수율이 높아져 소화력이 약한 사람들에게 좋다. 무엇보다 장에 도달하는 요거트의 유산균 수가 동물성 요거트보다 10배 이상 많기 때문에 장내 환경을 개선하고 변비를 예방, 해소하며 튼튼하게 하는데 도움이 된다.

쌀꽃요거트는 냉동실이나 냉장고에 보관하고 마실 때마다 상온에서 해동해 마시면 된다. 아침 일찍 집을 나서는 바쁜 직장인이나 학생들에게는 밥 대신 쌀누룩으로 만든 요거트로 매일 아침 든든한 건강을 챙길 수 있다.

쌀꽃요거트의 효능

1. 피로회복
2. 혈액순환 원활
3. 변비 개선
4. 다이어트 효과
5. 스트레스 완화
6. 콜레스테롤 저하
7. 피부미용 증진
8. 환자식, 이유식, 미용식
9. 면역력 강화
10. 요리에 설탕과 맛술 대신 사용

이렇게 만드세요!

쌀꽃요거트

—

재료

찹쌀 150g, 멥쌀 150g, 생수 500㎖ + 생수 1.5ℓ, 쌀누룩 400g

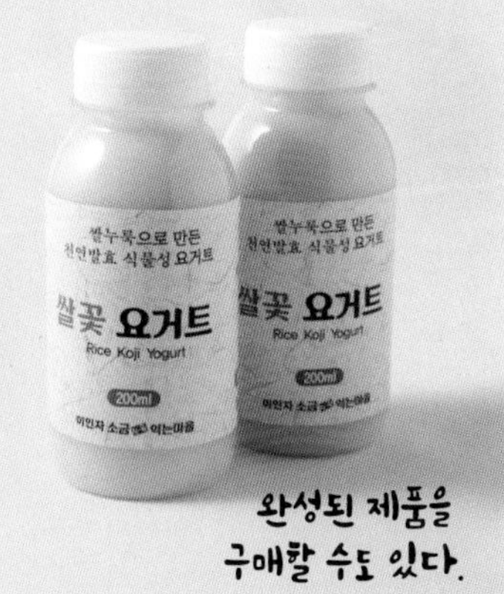

완성된 제품을 구매할 수도 있다.

만들기

1. 찹쌀과 멥쌀은 30분 불린 다음 생수 500㎖를 넣고 밥을 한 후에 식힌다.
2. 쌀누룩은 해동시킨 후 생수 1.5ℓ 를 붓고 손으로 비빈다.
3. 식힌 밥에 ②를 넣어 잘 섞은 다음 8시간, 50℃를 유지시킨다. 식힌 밥이 잘 섞이도록 한 번씩 젓는다.
4. 완성된 요거트는 믹서에 갈아 냉장 보관한다.

간장누룩, 생선누룩, 청양고추발효만능소스, 맛간장

간장누룩

기본적으로 간장을 넣는 모든 요리에 사용한다. 음식을 볶거나 조림에 사용하면 감칠맛이 우러나서 맛이 한결 좋아진다. 소금누룩보다 감칠맛이 진하며 글루타민산(Glutamin Acid)을 많이 함유하고 있다. 간장누룩은 냉장 보관한다.

생선누룩

생선누룩은 기본적으로 국간장이나 액젓을 넣는 모든 요리에 사용한다. 각종 김치 종류에 액젓 대신 사용하면 김치의 신선도가 오래 유지되고 시간이 지날수록 단맛과 감칠맛이 더해진다. 볶음요리나 찌개 등 해물요리에도 간을 맞추면 감칠맛이 더해진다. 생선누룩은 냉장 보관한다.

청양고추발효만능소스

청양고추의 매운맛과 쌀누룩에 발효된 생선 엑기스의 감칠맛이 뛰어난 다목적 만능소스이다. 돼지고기 수육에 청양고추소스를 곁들이면 색다른 맛을 느낄 수 있다. 그리고 김밥에도 잘 어울린다. 청양고추발효만능소스는 냉장 보관한다.

맛간장

혼합간장과 국산 양조간장의 최적 비율로 만든 간장으로 적은 양으로도 모든 요리에 감칠맛을 내고, 요리의 풍미와 맛을 더해준다. 볶음요리, 무침요리, 조림요리, 소스류에 다양하게 사용한다.

국, 찌개,
그리고 맛있는 반찬이
여기 있어요

새로운 음식을 개발하는 것은 정말 즐거운 일이다. 지금은 내가 아는 모든 음식에 누룩을 접목해 만드는 일에 열중하고 있다. 쌀누룩이나 소금누룩을 쓰면 설탕, 후춧가루, 조미료, 오일 등의 사용을 줄일 수 있다. 쌀누룩, 소금누룩 등 발효조미료를 사용한 음식들에는 감칠맛이 난다.

고추장해물찌개

—

재료

알배추 ½포기, 숙주 60g, 대파 1대, 불린 목이버섯 50g, 다시마물 8컵, 마늘 3알, 들기름 2큰술, 고춧가루 1큰술

해물류 꽃게 1마리, 모시조개 200g, 새우 3마리, 홍합 200g

양념장 생선누룩 1큰술, 맛간장 ½큰술, 맛술 1큰술, 멸치액젓 1큰술, 고추장 3큰술, 후춧가루 1작은술, 청양고추소스 1큰술, 저염된장 1큰술

만들기

1. 꽃게는 깨끗이 씻어 먹기 좋은 크기로 자르고, 조개류는 해감하고 깨끗이 씻는다. 새우는 내장과 다리를 제거하고 깨끗하게 씻는다.
2. 알배추는 길이로 가르고, 목이버섯은 한입크기로 썬다. 마늘은 편썰고, 대파는 어슷썬다. 분량의 재료를 섞어 양념장을 만든다.
3. 냄비에 들기름과 편마늘을 넣어 향이 나도록 볶다가 고춧가루를 넣고 충분히 볶은 후 다시마물을 부어 끓으면 손질한 해물을 넣고 끓인다.
4. 한소끔 끓으면 양념장과 알배추, 목이버섯, 숙주, 대파 순으로 넣고 다시 한 번 끓인 후 간을 한다.

cooking tip

양념에 저염된장을 넣으면 감칠맛이 나고 해물류의 비린내를 잡아준다. 그리고 알배추 대신에 묵은지를 씻어 사용하면 또 다른 맛의 고추장해물찌개를 맛볼 수가 있다.

순두부찌개

재료

순두부 500g(소금누룩 30g), 맛술 1큰술, 돼지고기 목살 50g(소금누룩 3g), 김치 50g, 다진 마늘 ½큰술, 고춧가루 1큰술, 다시마물 2컵, 대파 1대, 생선누룩 1큰술, 저염된장 1작은술

만들기

1. 순두부에 소금누룩과 맛술을 뿌려 30분 이상 재운다.
2. 작게 썬 돼지고기도 소금누룩에 재운다. 김치는 한입크기로 썬다.
3. 뚝배기에 돼지고기와 다진 마늘, 고춧가루를 넣고 볶다가 김치를 넣어 더 볶은 후 다시마물을 조금씩 넣으면서 자박하게 끓인다.
4. 다시마물이 1컵 정도 남았을 때 순두부와 생선누룩, 저염된장을 넣고 끓이다가 송송 썬 대파를 넣고 한소끔 끓인다.

cooking tip

김치 대신에 버섯류와 들깨가루를 넣으면 또 다른 맛의 순두부찌개가 된다.

시금치 간장누룩무침

재료

시금치 300g

무침양념 간장누룩 4작은술, 깨소금 4작은술, 참기름 2작은술, 맛간장 ⅔작은술

만들기

1. 뜨거운 물에 시금치를 살짝 데쳐 찬물에 헹궈 꾹 짠 후 5㎝ 길이로 썬다.
2. 분량의 재료를 섞어 만든 무침양념을 넣고 고루 무친다.

cooking tip

처음 간을 볼 때는 짠듯하나 간이 밴 후에는 적당하다. 무친 후에 잠시 두었다가 먹는 것이 맛있다.

오징어볶음

재료

오징어 2마리, 소금누룩(오징어 무게의 6%), 양파 150g, 대파 1대, 청양고추 2개, 홍고추 1개, 조청 1큰술, 녹말물(녹말가루 ½큰술 + 생수 1큰술), 참기름 ½큰술, 통깨 약간

양념장 매운 양념장 4~5큰술, 청양고춧가루 1큰술, 조청 40g

만들기

1. 오징어는 먹기 좋은 크기로 썰어 소금누룩에 재운다.
2. 양파는 굵게 채썰고, 대파와 고추류는 어슷썬다. 분량의 재료를 섞어 양념장을 만든다.
3. 팬에 양념장을 먼저 넣고 약불에 볶다가 센불로 바꾸어 양파, 대파, 오징어, 고추류, 녹말물 순으로 넣어 볶는다.
4. 마지막에 조청과 참기름, 통깨를 넣고 섞은 후 불을 끈다.

cooking tip

오징어는 달군 팬에 재빨리 볶아야 질겨지지 않는다. 매운 양념장을 만드는 방법은 이 책 228p에 자세하게 나와 있다.

오징어 오이무침

—

재료

오징어 1~2마리, 오이 150g, 양파 100g, 청양고추 1개, 홍고추 1개

양념장 고추장 2큰술, 다진 마늘 2작은술, 다진 생강 ⅔작은술, 고춧가루 ⅔작은술, 저염된장 ⅔작은술, 고추냉이 1작은술, 맛간장 2작은술, 생선누룩 ⅔작은술, 식초 2큰술, 조청 2큰술

만들기

1. 오징어는 껍질을 제거하고 끓는 물에 살짝 데쳐 한입크기로 썬다.
2. 분량의 재료를 섞어 양념장을 만든다.
3. 오이는 길이로 갈라 씨 부분을 제거하고 도톰하게 어슷썬다. 양파는 굵게 채썰고, 고추류는 어슷썬다.
4. 볼에 데친 오징어와 오이, 양파, 고추류, 양념장을 넣고 버무린 후 접시에 담는다.

cooking tip

오징어는 살짝 삶거나 쪄야 부드럽게 먹을 수 있다. 오징어를 삶을 때 소금을 넣어 삶는 방법과 껍질 벗긴 오징어를 6%의 소금누룩에 버무려 20~30분 정도 밑간한 후 살짝 찌는 방법이 있는데 번거로움은 있지만 맛은 훌륭하다.

버섯볶음

재료

표고버섯 3개, 새송이버섯 1개, 느타리버섯 4송이, 만가닥버섯 1팩, 멸치액젓 1½~2큰술, 생수 2컵, 유부 2장, 홍고추 1개, 청양고추 3개, 올리브오일 2큰술

양념장 생선누룩 2작은술, 맛술 2작은술, 맛간장 2작은술

만들기

1. 버섯류는 먹기 좋은 크기로 썰거나 뜯는다. 분량의 재료를 섞어 양념장을 만든다.
2. 냄비에 생수와 멸치액젓을 넣어 끓으면 불을 끄고 모든 버섯을 넣어 2~3분 정도 두었다가 체에 밭친 후 꼭 짠다.
3. 유부는 굵게 채썰어 뜨거운 물에 데친 후 물기를 꾹 짠다. 고추류는 길이로 갈라 씨를 제거하고 채썬다.
4. 달군 팬에 올리브오일과 버섯을 넣고 볶다가 유부, 홍고추, 청양고추 순으로 넣어 다시 한 번 볶는다.
5. 마지막에 양념장을 넣어 버무리듯이 섞고 불을 끈다.

cooking tip

버섯류는 소주(담금주 30°)를 스프레이 통에 넣어 골고루 뿌린 후 키친타월로 살짝 닦는다. 이물질 제거와 살균작용, 그리고 버섯향을 보존할 수 있다.

궁채생선누룩무침

—

재료

생궁채 200g(삶아 손질한 시판용 궁채)

양념장 현미식초 ½큰술, 생선누룩 1½큰술, 참기름 ½큰술, 맛간장 1작은술, 깨소금 1큰술

만들기

1. 생궁채는 한입크기로 썬다.
2. 볼에 썰은 생궁채와 분량의 재료를 섞어 만든 양념장을 넣고 버무린다.

cooking tip

삶아 손질한 시판용 생궁채는 팔팔 끓는 물에 한 번 더 데쳐낸 후 사용한다. 미리 양념에 버무렸다가 양념이 밴 후에 먹으면 깊은 맛을 느낄 수 있다.

명란달걀찜

—

재료

달걀 4개, 명란젓 80g, 소금누룩 1½~2큰술, 후춧가루 ½작은술, 맛간장 ½~1작은술, 다진 파 1큰술, 다진 마늘 ½큰술, 다시마물 2컵, 맛술 2큰술, 송송 썬 쪽파 약간

만들기

1. 달걀은 잘 푼 후에 다시마물을 넣고 잘 섞어 체에 밭친다.
2. 명란은 곱게 다져 나머지 재료들과 같이 달걀물에 넣고 다시 한 번 잘 섞는다.
3. 찜그릇에 참기름을 바른다.
4. 찜그릇에 ②를 부어 김이 오른 찜기에 얹어 찐다.
5. 송송 썬 쪽파를 올린다.

cooking tip

찜그릇에 참기름을 바르면 다 먹고 난 후에 세척하기 편하다. 살짝 익으려고 할 때 저어주면 명란젓이 밑에 가라앉지 않아 먹기에 좋다.

더덕 간장누룩무침

—

재료

더덕 200g, 간장누룩 4작은술, 맛간장 4작은술, 생강즙 2작은술, 마늘즙 2작은술, 들기름 1큰술, 통깨 1큰술

만들기

1. 더덕은 끓는 물에 데쳐 껍질을 벗긴다.
2. 껍질 벗긴 더덕은 칼등으로 두드려 부드럽게 한 후 찢는다. 간장누룩을 넣어 20분간 재운다.
3. 팬에 맛간장과 생강즙, 마늘즙을 넣고 살짝 끓인다.
4. ③에 더덕과 들기름을 넣고 버무린 후 통깨를 뿌린다.

cooking tip

생강즙과 마늘즙을 살짝 끓이면 생강과 마늘향은 약해지고 더덕의 향은 증가된다.

차돌박이 숙주볶음

—

재료

차돌박이 300g, 소금누룩 12g(차돌박이 무게의 4%), 청양고추 1개, 매운 홍고추 1개, 양파 ½개, 숙주 200g, 간장누룩 1~1½작은술, 참기름 ½큰술, 맥주 1½컵

향신채 생강 약간, 마늘 5알, 대파 흰대 1대

만들기

1. 향신채의 생강은 얇게 슬라이스하고, 마늘은 도톰하게 편썰고, 대파는 1㎝ 길이로 썬다.
2. 청양고추와 매운 홍고추는 다지고, 양파는 채썬다.
3. 냄비에 맥주와 썰어놓은 향신채를 넣고 끓으면 차돌박이를 넣어 살짝 데친 후 체에 밭쳐 물기를 뺀다. 데친 향신채와 차돌박이를 소금누룩에 버무린다.
4. 달군 팬에 숙주와 참기름을 넣고 재빨리 볶은 후 불을 끄고 다진 고추류와 채썬 양파, 간장누룩을 넣어 버무리듯이 섞는다.
5. ③의 차돌박이는 다시 한 번 팬에 볶는다.
6. 접시에 볶은 차돌박이를 담고 그 위에 ④를 올린다.

꽁치매실조림

재료

꽁치 4~5마리, 소금누룩(꽁치 무게의 6%), 소금매실 4개, 다시마 2장(10×10㎝), 깻잎 5장
조림장 청주 ½컵, 맛술 ½컵, 간장 ¼컵, 조청 2큰술

만들기

1. 다시마는 3×3㎝ 크기로 잘라 생수에 잠시 담근다.
2. 꽁치는 내장을 제거하고 반토막을 내서 깨끗이 씻은 후 소금누룩을 바른다.
3. 팬에 생선이 겹치지 않게 나란히 놓고 다시마와 조림장, 소금매실을 넣고 센불에서 끓이다가 중불로 줄인다.
4. 끓으면 거품을 걷어내고 호일을 덮어 15분 정도 끓이다가 호일을 걷어낸다.
5. 접시에 담고 깻잎을 채썰어 얹거나 양파나 꽈리고추를 따로 볶아 곁들여도 좋다.

cooking tip

뜨거울 때보다 약간 식었을 때 더 안정된 맛이 난다.

매운 돼지고기볶음

—

재료

돼지고기 목살 300g, 소금누룩 12g(돼지고기 무게의 4%), 대파 1대, 김치 160g, 된장 ½큰술, 매운 양념장 1½큰술

만들기

1. 한입크기로 썬 돼지고기는 뜨거운 물로 씻은 후 물기를 닦아서 소금누룩에 재운다.
2. 대파는 어슷썬다. 김치는 양념을 털어내고 먹기 좋은 크기로 썬다.
3. 돼지고기와 김치를 된장과 매운 양념장을 넣고 버무린다.
4. 달군 팬에 ③을 넣고 센불에서 볶다가 대파를 넣고 다시 한 번 더 볶아낸다.

cooking tip

매운 양념장을 만드는 방법은 이 책 228p에 자세하게 나와 있다.

매운 양념닭구이

—

재료

닭다리살 300g, 소금누룩 12g(닭다리살 무게의 4%), 마늘 5알, 녹말가루 3큰술,
포도씨오일 3큰술, 참기름 ½큰술

양념장 매운 양념장 4큰술, 청양고춧가루 4작은술, 조청 2½큰술

만들기

1. 닭다리살은 한입크기로 썰어 소금누룩을 발라 30분 정도 재운 후 녹말가루를 묻힌다.
2. 마늘은 편썬다.
3. 팬에 포도씨오일과 편마늘을 넣고 볶다가 닭다리살을 넣어 노릇하게 구워 꺼낸다.
4. 팬에 여분의 기름을 닦아내고 한쪽으로 기울여 분량의 재료를 섞어 만든 양념장을 넣어 살짝 끓어오르면 닭다리살을 넣고 양념장을 바르듯이 구운 후 참기름을 살짝 뿌린다.

cooking tip

꼬치에 꿰어 꼬치구이로 만들어 먹는 방법도 있다. 매운 양념장을 만드는 방법은 이 책 228p에 자세하게 나와 있다.

매운 양념불고기

—

재료

쇠고기 200g, 소금누룩 8g(쇠고기 무게의 4%), 대파 1대, 생표고버섯 2개, 마늘 3알, 양파 ¼개,
매운 양념장 2½~3큰술, 참기름 1큰술, 카레가루 ½큰술, 조청 1큰술

만들기

1. 쇠고기는 소금누룩에 재운다.
2. 파는 어슷썰고, 표고버섯은 도톰하게 썬다. 마늘은 편썬다. 양파는 곱게 채썰어 얼음물에 담갔다가 체에 밭친다.
3. 팬에 참기름을 두르고 파와 마늘을 볶아 향을 낸다.
4. ③에 쇠고기와 표고버섯을 넣어 볶다가 매운 양념장을 넣고 볶으면서 마지막에 카레가루와 조청을 넣고 고루 섞듯이 볶는다.
5. 접시에 볶은 쇠고기를 담고 물기를 뺀 양파를 얹어 낸다.

cooking tip

카레가루를 넣는 이유는 불맛을 내기 위해서이다. 양파를 얼음물에 5분 정도 담갔다 사용하면 양파의 아리고 매운맛이 없어진다. 식초를 약간 넣은 물에 담갔다 사용해도 같은 효과가 있다. 매운 양념장을 만드는 방법은 이 책 228p에 자세하게 나와 있다.

백합맑은국

재료

백합 1kg, 다시마물 8컵, 청주 4큰술, 맛간장 1큰술, 생선누룩 1큰술, 후춧가루 약간, 부추 50g, 대파 ½대, 매운 홍고추 6개, 쑥갓 50g

만들기

1. 백합은 깨끗이 씻어 냄비에 다시마물과 같이 넣어 중불에서 끓인다. 백합이 입을 벌리면 불을 끄고 체에 밭쳐 백합은 건지고, 국물은 따로 받는다.
2. 부추는 1㎝ 길이로, 대파 흰대와 매운 홍고추는 송송 썬다. 쑥갓은 4㎝ 길이로 썬다.
3. 따로 받은 국물은 불순물이 가라앉도록 5분 정도 두었다가 위의 맑은 물만 냄비에 넣어 끓인다.
4. 맛간장과 생선누룩으로 간을 하고 후춧가루를 넣는다.
5. 부추와 대파, 매운 홍고추를 넣고 팔팔 끓으면 그릇에 담은 백합 위에 붓는다.
6. 4㎝ 길이로 썬 쑥갓을 얹어낸다.

cooking tip

백합의 향을 즐기기 위해 마늘은 넣지 않는다. 쑥갓은 비타민 A와 C가 풍부한 알칼리성 식품으로 백합과 음식궁합이 잘 맞는 식재료이다. 쑥갓과 백합은 숙취해소, 간장보호에 탁월하다.

아롱사태장조림

재료

쇠고기 600g(아롱사태), 소금누룩 16g(쇠고기 무게의 4%), 메추리알 20개, 마늘 20알,
마른 청양고추 6개, 맛술 150㎖, 청주 150㎖, 조청 300㎖
조림장 다시마물 6컵, 간장대추 5알, 맛간장 1½컵, 황기 10g, 감초 3g, 생강 10g, 월계수잎 2장

만들기

1. 쇠고기는 50℃ 물에 씻은 후 소금누룩을 발라 1시간 이상 숙성시킨다.
2. 숙성시킨 쇠고기는 조림장 재료와 같이 넣고 끓인다. 끓기 시작하면 감초는 건져낸다.
3. 고기가 충분히 익으면 체에 걸러 국물을 내리고, 고기는 먹기 좋은 크기로 썬다.
4. 내린 국물에 메추리알, 마늘, 마른 청양고추, 맛술, 청주, 조청, 썬 고기를 넣고 국물이 2~3컵 정도 될 때까지 끓인다.

cooking tip

아롱사태를 소금누룩에 숙성시키면 연육작용을 해서 고기가 짧은 시간에 부드러워진다.
간장 대추 만들기 대추 양이 잠길 정도의 맛간장과 5×5㎝ 크기의 다시마를 넣고 맛간장이 ⅓정도 남을 때까지 조려 간장대추를 만들면 대추를 오래 보존할 수 있다. 간장대추가 없으면 그냥 대추를 넣어도 된다.

쇠고기전골

재료

쇠고기(불고기용) 400g, 소금누룩 16g(쇠고기 무게의 4%)

❶알배추 5잎, 양파 ½개, 대파 1대, 숙주 100g, 두부 ½모, 표고버섯 1개, 새송이버섯 1개, 실곤약 100g, 양상추 4잎, 쑥갓 약간, 청양고추 2개, 매운 홍고추 1개

전골국물 다시마물 4컵, 맛간장 ½컵, 맛술 1컵, 간장누룩 2큰술, 꿀 2큰술, 조청 3큰술

만들기

1. 쇠고기는 소금누룩에 버무려 30분 이상 재운다.
2. ❶의 재료는 한입크기로 손질하고 고추류는 어슷썬다. 실곤약은 끓는 물에 한 번 데친다.
3. 냄비에 ②를 돌려 담고 쇠고기도 담는다.
4. 분량의 재료를 섞은 전골국물을 중불에서 한 번 끓인다.
5. ③의 냄비에 전골국물을 부어 끓여낸다.

cooking tip

쇠고기를 소금누룩에 숙성시키면 지방 분해작용과 잡냄새를 제거해주므로 국물이 깔끔해진다.

콩나물냉국

재료

콩나물 300g, 생수 4컵, 소금누룩 2큰술, 현미식초 1~2큰술, 청양고추 2개,
홍고추 ½개, 오이채 60g

냉국국물 다시마물 3컵, 맛간장 2큰술, 조청 1큰술, 꿀 ½큰술, 생선누룩 1큰술

만들기

1. 생수와 소금누룩을 넣은 끓는 물에 콩나물을 넣고 데친 후 체에 밭쳐 국물은 받아놓고, 콩나물은 찬물에 헹구어 다시 체에 밭친다. 콩나물 데쳐낸 국물은 식힌다.
2. 냄비에 냉국국물을 넣고 팔팔 끓으면 불을 끄고 식초를 넣어 식힌다.
3. 콩나물 데친 국물, 냉국국물과 콩나물, 송송 썬 고추, 채썬 오이를 볼에 넣어 차갑게 보관한 후에 먹는다.

cooking tip

소금누룩을 넣은 물에 콩나물을 삶으면 살짝 삶아도 비린내가 적어진다.

황태빡빡이

—

재료

황태채 100g, 소금누룩 4g(황태 무게의 4%), 무 100g, 소금누룩 4g(무 무게의 4%), 대파 ½대, 저염된장 2큰술, 들기름 1큰술, 생선누룩 1큰술, 쌀뜨물 250㎖ + 200㎖, 마늘 50g, 매운 홍고추 1개, 청양고추 2개, 참기름 1큰술, 생수 적당량

만들기

1. 황태는 촉촉해질 정도의 생수를 넣어 주무른 후 소금누룩에 15분 이상 재운다.
2. 무는 굵게 채썰어 소금누룩에 재운다.
3. 마늘은 굵게 다지고, 고추류는 채썰고, 대파는 어슷썬다.
4. 소금누룩에 절인 황태와 저염된장, 쌀뜨물 250㎖를 믹서에 함께 넣고 곱게 간다.
5. 소금누룩에 재운 무는 그대로 들기름을 넣고 볶다가 쌀뜨물 200㎖를 조금씩 넣어가면서 끓인다.
6. 대파를 넣고 대파가 숨이 죽으면 ④의 황태를 넣어 끓인다.
7. 푹 끓으면 마늘, 고추류를 넣고 자박하게 끓이다가 마지막에 불을 끄고 참기름을 넣는다.

cooking tip

황태는 기름기가 없는 생선으로 참기름 또는 들기름을 넣게 되면 궁합이 맞을 뿐만 아니라 부드러움과 고소한 맛이 더해진다.

숙주된장찌개

재료

쇠고기(차돌박이) 100g, 소금누룩 4g(쇠고기 무게의 4%), 숙주 100g, 다시마물 4컵, 대파 1대

양념장 저염된장 4큰술, 청양고추소스 1큰술, 다진 마늘 1큰술, 다진 청양고추 1큰술,
다진 매운 홍고추 1큰술

만들기

1. 쇠고기는 한입크기로 썰어 소금누룩에 30분 이상 재운다.
2. 대파는 어슷썰고, 분량의 재료를 섞어 양념장을 만든다.
3. 냄비에 다시마물을 넣고 끓어오르면 쇠고기를 넣고 한소끔 끓인 후 양념장과 숙주, 대파 순으로 넣는다. 끓으면 바로 불을 끈다.

cooking tip

쌀국수 국물로 사용해도 좋다. 청양고추를 송송 썰어 넣으면 좀 더 칼칼한 맛을 낼 수 있다.

멸치깻잎찜

재료

깻잎 40장, 멸치 15g, 양파 25g, 당근 20g, 홍고추 1개, 청양고추 2개, 대파 ⅓대(10g)

양념장 맛간장 1½큰술, 액젓 ½큰술, 들기름 1½큰술, 조청 30g, 생선누룩 1큰술,
다진 마늘 1작은술, 통깨 ½큰술, 찹쌀가루 ½큰술

만들기

1. 깻잎은 깨끗이 씻어 물기를 털어낸다.
2. 양파, 당근, 대파, 고추류는 채썬다. 멸치는 마른 팬에 볶은 후 굵게 다진다.
3. 분량의 재료를 섞어 만든 양념장과 ②를 섞어 30분 정도 재운다.
4. 뚜껑 있는 그릇에 깻잎과 ③의 양념장을 켜켜이 넣고 김이 오른 찜기에 5분 정도 찐다.

cooking tip

알배추와 두부 위에 양념장을 얹어 쪄도 맛있다.

돼지삼겹살 무조림

—

재료

무 200g, 간장누룩 1작은술, 대패삼겹살 100g, 소금누룩 4g(대패삼겹살 무게의 4%), 참기름 2작은술, 생수 ¼컵, 마늘 2알, 청양고추 1~2개

양념장 다진 생강 1작은술, 맛간장 2큰술, 맛술 2큰술, 꿀 2큰술, 저염된장 1큰술

만들기

1. 무는 나박으로 썰어 간장누룩에 5분간 절인다. 삼겹살도 한입크기로 썬 후 소금누룩에 재운다. 마늘은 편썰고, 청양고추는 길이로 갈라 씨를 털어내고 다진다.
2. 팬에 절인 무와 생수를 조금씩 넣으면서 반투명해질 때까지 볶다가 꺼낸다.
3. 팬에 참기름을 두르고 마늘편과 삼겹살을 볶다 익으면 볶은 무와 분량의 재료를 섞어 만든 양념장, 청양고추를 넣어 무가 투명해질 때까지 조린다.

cooking tip

돼지고기 수육 만들기가 번거로울 때 밥반찬으로 간단히 만들어 먹을 수 있다. 쇠고기, 닭고기에도 응용할 수 있다.

무말랭이무침

—

재료

무말랭이 100g, 오징어진미채 50g, 쪽파 50g, 생선누룩 10g

양념장 맛간장 ½컵, 쌀꽃요거트 1컵, 고춧가루 ½컵, 다진 마늘 2큰술, 다진 생강 1작은술, 조청 100g, 꿀 2큰술, 통깨 약간

만들기

1. 무말랭이는 찬물에 10분 정도 담가 부드러워지면 여러 번 헹군 후 식초물에 넣어 2분 정도 두었다가 깨끗하게 한 번 더 헹군다.
2. 오징어진미채도 뜨거운 물에 살짝 헹궈 3~4㎝ 길이로 자른다.
3. 쪽파는 3~4㎝ 길이로 썬다. 분량의 재료를 섞어 만든 양념장은 1시간 이상 숙성시킨다.
4. ①과 ②를 생선누룩에 1시간 절인다.
5. 절인 무말랭이와 진미채, 쪽파에 양념장을 넣어 버무린다.

무 콩나물볶음

재료

무 300g, 콩나물 180g, 쇠고기 양지 100g, 소금누룩(무 15g, 콩나물 7g, 쇠고기 4g),
생선누룩 ½큰술, 새우젓 ¼큰술, 다시마물 1½~2컵, 들기름 1½큰술, 쪽파 3대

만들기

1. 무는 껍질을 벗기고 도톰하게 채썰어 소금누룩에 30분 이상 재우고 콩나물도 소금누룩을 넣어 버무린다. 쇠고기는 50℃ 물에 씻어 물기를 닦아내고 소금누룩에 재운다.
2. 냄비에 들기름을 두르고 쇠고기와 무를 잘 볶는다. 중간 중간 다시마물을 조금씩 넣으면서 무가 숨이 죽을 때까지 볶는다.
3. 한쪽에 콩나물을 넣고 다시마물을 부어 뚜껑을 덮은 후 중불에서 5분 정도 끓인다.
4. 쪽파를 넣고 생선누룩과 새우젓으로 간한다.

어묵볶음

재료

어묵 200g, 당근 60g, 청양고추 2개, 매운 홍고추 1개, 마늘 3알, 매운 양념장 2큰술,
생표고버섯 2개, 올리브오일 4작은술, 들기름 2작은술

만들기

1. 어묵은 먹기 좋은 크기로 썬다.
2. 당근은 어묵 크기로 얇게 썬다. 고추류는 어슷썰고, 마늘은 편썬다. 표고버섯도 어묵 크기로 썬다.
3. 팬에 올리브오일과 편썬 마늘을 넣고 볶다가 고추류, 당근, 표고버섯, 어묵 순으로 넣고 충분히 볶는다.
4. 채소가 볶아지면 매운 양념장을 넣고 볶다가 마지막에 들기름을 넣고 섞은 후 불을 끈다.

cooking tip

당근에 있는 비타민 A는 지용성 비타민이다. 올리브오일과 같이 먹게 되면 흡수율이 95%나 된다.
다른 오일은 그보다 흡수율이 낮다. 어묵을 끓는 물에 한 번 데쳐서 음식을 만들게 되면 공기에 접촉된 기름이 제거되고 깔끔한 맛을 낸다. 매운 양념장을 만드는 방법은 이 책 228p에 자세하게 나와 있다.

숙주나물무침

재료

숙주 300g, 생선누룩 ½큰술, 부추맛간장절임소스 3큰술

만들기

1. 끓는 물에 숙주를 넣고 데친 후 얼음물에 담갔다가 체에 밭쳐 물기를 뺀다.
2. 생선누룩과 부추맛간장절임소스를 넣고 버무린다.

cooking tip

부추를 잘게 썰어 맛간장에 절인 부추맛간장절임소스는 채소간장으로, 무침요리 양념으로 다양하게 사용할 수 있다. 부추뿐만 아니라, 깻잎, 명이 등 어떤 채소에도 사용이 가능하다. 저염식에 도움이 된다. 부추맛간장절임소스를 만드는 방법은 이 책 232p에 자세하게 나와 있다.

돼지고기김치찌개

재료

김치 500g, 돼지고기 목살 400g, 소금누룩 16g(돼지고기 무게의 4%), 다시마물 6컵, 멸치 25g, 올리브오일 1큰술, 고춧가루 ½큰술, 대파 2대, 생선누룩 ½큰술, 맛술 1큰술, 맛간장 1작은술

만들기

1. 김치는 양념을 털어내고 먹기 좋은 길이로 썬다. 돼지고기도 먹기 좋은 크기로 썰어 소금누룩에 재운다.
2. 냄비에 김치와 다시마물을 넣고 끓으면 올리브오일과 고춧가루를 넣고 20분 정도 끓인다.
3. 멸치와 돼지고기를 넣고 10분 정도 더 끓인다.
4. 생선누룩, 맛술, 맛간장으로 간을 한 후 어슷썬 대파를 넣어 한소끔 끓인다.

cooking tip

김치를 물에 헹구게 되면 찌개가 싱거워지고 김치 특유의 맛이 사라진다. 건지만 털어내고 물에 헹구지 않는다. 멸치는 마른 팬에 볶아 수분을 없앤 후 사용해야 비린내가 나지 않는다.

여름 토마토된장국

—

재료

작은 토마토 4개, 다시마물 3컵, 저염된장 50g, 청양고추소스 2큰술, 깻잎 3장

만들기

1. 다시마물에 저염된장과 청양고추소스를 넣고 잘 풀어 냉장고에 차게 식혀 둔다.
2. 토마토는 칼집을 내어 끓는 물에 살짝 데친 후 껍질을 벗겨 6~8등분으로 깊이 가른다.
3. 그릇에 토마토를 넣고 차가운 국물을 붓는다.
4. 깻잎을 채썰어 토마토 위에 올린다.

cooking tip

토마토는 미리 6%의 소금누룩에 밑간을 한 후 국물을 부어서 먹으면 감칠맛이 더 난다. 겨울에는 국물을 끓여 따뜻하게 해서 먹는다.

닭다리살 데리야끼구이

—

재료

닭다리살(정육살) 2장, 소금누룩(닭다리살 무게의 4%), 포도씨오일 적당량, 녹말가루 적당량, 어린잎채소나 프리첼 적당량, 아몬드 슬라이스 1큰술, 연근칩

소스 청주 3큰술, 꿀 1큰술, 맛술 2큰술, 맛간장 2큰술, 편마늘 3알

만들기

1. 닭다리살은 칼등으로 두드려 두께를 고루 편 후 소금누룩에 1시간 이상 재운다.
2. 재운 닭다리살에 녹말가루를 묻힌 후 녹말가루가 스며들면 팬에 포도씨오일을 두르고 노릇하게 구워 꺼내 놓는다.
3. 팬에 남은 여분의 기름을 닦아내고 분량의 재료를 섞어 만든 소스를 팬에 넣어 끓어오르면 구운 닭고기를 넣고 바닥의 소스를 끼얹어 가며 졸인다. 아몬드 슬라이스를 뿌린다.
4. 접시에 어린잎채소나 프리첼, 연근칩을 곁들여 담는다.

cooking tip

닭다리살은 칼집을 내어 소금누룩으로 밑간하고, 구울 때는 닭 껍질을 밑으로 가게 놓고 종이호일로 덮은 후 중약불에서 앞뒤로 굽는 것이 맛있게 굽는 방법이다. 녹말가루를 묻힌 후 바로 굽지 않고 녹말가루가 스며든 후에 굽도록 한다.

돼지고기 명란탕

—

재료

돼지고기 100g, 소금누룩 4g(돼지고기 무게의 4%), 포도씨오일 1큰술, 다진 마늘 1큰술, 명란 50g, 대파 1대, 두부 150g, 다시마물 3컵, 청양고추 ½개, 홍고추 ½개, 생선누룩 2큰술

만들기

1. 돼지고기는 1.5㎝ 크기로 썬 후 소금누룩에 버무린다.
2. 명란은 1㎝, 두부는 1.5㎝ 크기로 깍둑썰고, 대파와 고추류는 어슷썬다.
3. 달군 냄비에 포도씨오일과 다진 마늘을 넣고 볶다가 향이 나면 돼지고기를 넣어 볶는다.
4. 다시마물을 넣고 돼지고기가 익을 때까지 끓인다.
5. 고기가 익으면 두부, 명란, 고추류, 대파 순으로 넣고 다시 끓으면 생선누룩으로 간한다.

cooking tip

돼지고기의 느끼한 맛에 명란을 넣어 탕을 끓이면 깔끔한 맛을 낼 수 있다.

소금누룩 고등어절임

재료

고등어 2조각, 소금누룩(고등어 무게의 4%), 양파 50g, 당근 40g, 청피망 1개, 마른 고추 1개, 레몬 ½개, 밀가루 적당량, 카놀라유 적당량, 대파채 적당량

절임물 식초 ½컵, 청양고추 4개, 맛간장 3큰술, 마늘 4알, 청주 1큰술, 맛술 1큰술, 꿀 1큰술, 소금누룩 ½큰술

만들기

1. 청양고추는 송송 썰고, 마늘은 편썰어 나머지 재료와 섞어 절임물을 만든다.
2. 양파, 당근, 청피망, 마른 고추는 채썰어 절임물을 부어 섞는다.
3. 고등어는 깨끗이 씻어 물기를 제거한 후 소금누룩을 발라 30분 이상 재운다. 밀가루를 고루 묻힌 후 카놀라유를 넉넉히 두른 팬에 튀기듯 굽는다.
4. 구운 고등어를 ②에 담가 간이 배도록 한다.
5. 레몬은 동그랗게 또는 반달모양으로 슬라이스해서 대파채와 같이 얹어낸다.

cooking tip

식초를 넣은 절임물에 구운 고등어를 넣으면 생선살의 쫄깃함을 맛 볼 수 있다.

한그릇요리와 스테이크, 부침개로 솜씨자랑 좀 했어요

아침에 눈을 떴을 때 마주볼 사람이 있고, 해야 할 일이 있어 행복하다. 뒤돌아보면 지나온 시간이 어떻게 지나갔는지 영화 속 장면처럼 후루룩 지나간다. 이따금 아쉬운 장면이 가슴에 남기도 하지만 딱히 무엇이 되겠다고 미래를 정해 놓지는 않았다. 주어진 하루하루 삶에 최선을 다해 살아왔을 뿐이다.

문어(낙지) 숙주불고기

—

재료

문어 + 낙지 300 ~ 400g, 소금누룩 16g(문어 + 낙지 무게의 4%), 버터 1~2큰술, 대파 2대, 생표고버섯 8개, 두부 1모, 쑥갓 150g, 배추 ¼포기, 실곤약 100g, 숙주 100g, 유정란 3~4개

소스 다시마물 ½컵, 맛간장 ½컵, 청주 3큰술, 맛술 2큰술, 꿀 2큰술(또는 조청)

만들기

1. 파는 큼직하게 어슷썰고, 표고버섯은 윗부분에 별모양의 칼집을 낸다. 두부는 2등분해서 도톰하게 썰어 오일을 두른 팬에 굽는다. 쑥갓은 밑동을 잘라낸 후 5㎝ 길이로 썰고, 배추는 한입크기로 썬다.
2. 실곤약은 소금 또는 식초물에 3분 정도 삶은 후 체에 밭쳐 물기를 뺀다.
3. 소스는 분량의 재료를 섞어 만든다.
4. 달군 팬에 버터를 넣고 녹으면 대파를 노릇하게 굽는다.
5. 구운 대파 위에 숙주와 배추, 실곤약, 두부, 쑥갓, 문어, 낙지를 넣고 구우면서 소스를 부어 끓인다.
6. 유정란을 풀어 찍어 먹는다.

cooking tip

두부는 녹말가루를 살짝 입혀 오일 두른 팬에 굽는다. 생문어를 부드럽게 먹기 위해 무즙에 절여두었다 사용하거나, 자숙문어를 사용해도 맛있다.

생선누룩 잔치국수

—

재료

소면 300g, 다진 쇠고기 100g, 소금누룩 4g(다진 쇠고기 무게의 4%), 멸치액젓 약간, 생선누룩 약간

육수 다시마물 2ℓ, 멸치액젓 2큰술, 생선누룩 3큰술

고명 애호박 ½개, 유부 30g, 당근 30g, 숙주 100g, 참기름 적당량, 소금누룩 적당량

양념장 생선누룩 3큰술, 맛간장 2큰술, 다진 청양고추 2개, 다진 매운 홍고추 2개, 다진 파 2큰술, 참기름 1큰술, 깨소금 1큰술, 다진 마늘 1큰술, 고춧가루 ½큰술, 참기름 1큰술

만들기

1. 쇠고기는 소금누룩에 버무린 후 팬에 참기름을 두르고 포실하게 볶는다.
2. 애호박, 당근, 유부는 채썰어 각각 참기름을 넣고 살짝 볶아 소금누룩으로 간한다. 숙주는 끓는 물에 소금을 넣고 살짝 데친 후 소금누룩을 넣고 간한다.
3. 분량의 재료를 섞어 양념장을 만든다.
4. 끓는 물에 소면을 삶은 후 얼음물에 재빨리 헹구어 체에 밭친다.
5. 다시마물에 멸치액젓을 넣어 한소끔 끓인 후 생선누룩을 넣어 간을 한다.
6. 그릇에 삶은 소면을 넣고 뜨거운 육수를 부은 후 고명을 얹고 양념장을 곁들인다.

연근 새우말이

—

재료

새우 12마리(대), 연근 70g, 초절임 생강 50g

절임장 식초 4큰술, 꿀 3큰술, 유자청 2큰술, 소금누룩 1큰술, 채썬 레몬껍질

만들기

1. 새우는 등 부분의 내장을 빼고 껍질째 꼬리 부분에서 머리 쪽으로 나무꼬치를 찔러 넣는다. 끓는 물에 데친 후 꺼내 꼬치를 한 번 돌린다. 그대로 차게 식혀 껍질은 벗기고 꼬리는 남긴 후 나무꼬치를 뺀다.
2. 연근은 12장을 얇게 썰고 식초물에 잠시 담근다. 끓는 물에 식초를 조금 넣고 연근을 살짝 데쳐 체에 밭친다.
3. 데친 연근을 펴서 초생강을 얹고 그 위에 새우를 얹어 감긴 끝부분이 아래가 되게 감는다.
4. 절임장 재료를 고루 섞어 ③에 뿌려 1시간 정도 두었다가 접시에 담아낸다.

cooking tip

식초 1큰술, 꿀 1큰술, 소금누룩 1큰술을 동량으로 섞은 후 생강 1톨을 얇게 저며 절였다가 수분을 제거하면 맛있는 초생강이 된다. 연근은 굵은 것을 사용하면 새우를 감기에 편하고 비트즙이나 치자즙으로 색을 입혀도 좋다.

화이트와인 바지락찜

—

재료

바지락 600g, 생수 3컵 + 소금 1큰술, 화이트와인 6큰술, 다시마 1장(8×10㎝), 생선누룩 ½큰술,
맛술 1큰술, 송송 썬 쪽파 1큰술, 청양고추 1개

만들기

1. 바닥이 넓은 용기에 바지락을 나란히 펴고 생수 3컵에 소금 1큰술을 넣은 소금물을 부은 후 신문지를 덮어 바지락이 입을 벌릴 때까지 2시간 이상 둔다.
2. 해감이 된 바지락을 건져 바락바락 문질러 깨끗하게 헹구어 낸다.
3. 냄비에 바지락, 화이트와인을 넣은 후 다시마로 덮고 뚜껑을 덮어 센불에서 끓인다. 끓으면 중불에서 약불로 줄여 뚜껑을 다시 덮고 1~2분 정도 끓인다.
4. 입이 모두 벌어진 상태에서 생선누룩, 맛술, 송송 썬 청양고추를 넣고 섞은 후 그릇에 담고 위에 쪽파를 뿌린다.

cooking tip

바지락술찜은 국물이 아닌 바지락살을 먹는 음식이다. 모든 조개류에 적용 가능하다.

데미그라스소스 스파게티

—

재료

스파게티 300g(생수 2ℓ, 소금 1큰술, 올리브오일 1큰술), 다진 쇠고기 150g,
다진 돼지고기 150g, 소금누룩 12g(고기 무게의 4%), 눈꽃치즈 ½컵, 피망 ½개, 양파 100g,
마늘 25g, 양송이버섯 4개, 올리브오일 1~2큰술, 데미그라스소스 500㎖, 쏘렐잎

만들기

1. 다진 쇠고기와 다진 돼지고기는 소금누룩을 넣고 버무린다.
2. 양파, 마늘, 양송이버섯, 피망은 굵게 다진다. 양송이버섯 1개는 슬라이스한다.
3. 냄비에 생수와 소금, 올리브오일을 넣고 스파게티 면을 삶은 후 체에 밭친다.
4. 팬에 올리브오일과 마늘을 넣고 충분히 볶은 후 ①의 고기, 굵게 다진 양파, 양송이버섯, 피망 순으로 넣어 볶다 데미그라스소스를 넣어 잘 섞으면서 중약불에 다시 한 번 볶는다. 치즈를 넣고 버무린 후 불을 끈다.
5. 삶은 스파게티 면을 접시에 담고 ④를 얹는다.

cooking tip

데미그라스소스 대신에 카레를 넣어 끓인 후 밥 위에 얹어 카레라이스로 만들기도 한다. 데미그라스소스를 만드는 방법은 이 책 230p에 자세하게 나와 있다.

감자 명란버터볶음

—

재료

감자 300~350g, 명란 30g, 소금누룩 1작은술, 버터 20g

만들기

1. 감자는 껍질째 깨끗이 씻어 식초물에 1분 정도 담근 후 헹구고 웨지 형태로 썰어 소금누룩을 발라둔다.
2. 내열용기에 감자를 넣고 랩을 씌운 후 전자레인지에 3~4분 정도 익힌다.
3. 명란은 껍질을 벗겨 다진다.
4. 팬을 중불에 달구어 버터를 녹이고 감자를 노릇노릇하게 구운 후 팬의 바닥을 한 번 닦아내고 명란을 넣고 섞는다.

cooking tip

명란을 따로 볶아 노릇하게 구운 감자 위에 뿌려도 된다.

닭날개 데리야끼

재료

닭날개 500g, 소금누룩 20g(닭날개 무게의 4%), 녹말가루 5큰술, 아몬드 슬라이스 1큰술,
카놀라유 적당량

데리야끼소스 맛간장 2큰술, 꿀 2큰술, 맛술 2큰술, 청주 2큰술

만들기

1. 닭날개는 50℃ 물에 깨끗이 씻어 물기를 뺀다. 소금누룩에 재워 숙성시킨 후 녹말가루를 묻힌다.
2. 팬에 오일을 두르고 재운 닭날개를 노릇하게 굽는다.
3. 구운 닭날개를 한쪽으로 모은 후 여분의 기름을 닦아내고 팬을 기울여 데리야끼소스를 부어서 끓으면 구운 닭날개와 아몬드슬라이스를 넣어 버무린다.

cooking tip

여러 종류의 녹말가루 중에 고구마 녹말가루가 다른 녹말가루에 비해 더 바삭거린다.

달걀프라이팬찜

—

재료

달걀 3개, 부추맛간장절임소스 3큰술, 참기름 또는 들기름 약간

만들기

1. 달걀을 잘 푼 후 부추맛간장절임소스를 넣고 다시 한 번 섞는다.
2. 달군 팬에 참기름이나 들기름을 두르고 ①의 달걀을 부어 뚜껑을 덮고 아주 약불에서 찌는 듯 익힌다.

cooking tip

달걀을 풀어 체에 두 번 정도 내리면 훨씬 부드럽고, 찌는 중간에 한 번 저어야 부추가 밑에 가라앉는 것을 막을 수 있다. 부추맛간장절임소스를 만드는 방법은 이 책 232p에 자세하게 나와 있다.

닭한마리

—

재료

닭 1.2㎏, 소금누룩 48g(닭 무게의 4%), 소금누룩 3큰술, 감자 2개, 양파 1개,
새송이버섯 1개, 대파 1대, 절편 2개, 칼국수

끓임물 생수 13컵, 대파 1대, 양파 100g, 통후추 10알, 대추 5알, 황기 20g, 당귀 20g,
감초 슬라이스 2쪽, 맛술 ½컵, 다시마 2장(5×5㎝)

두반장소스 맛간장 1큰술, 식초 ½큰술, 레몬즙 2~3작은 술, 연겨자 1큰술, 생선누룩 ½큰술,
조청 1큰술, 맛술 ½큰술, 두반장 1큰술, 다진 마늘 ½큰술

연겨자소스 고춧가루 1½큰술(미지근한 육수 1컵에 불린다), 맛간장 ½컵, 식초 ¼컵,
연겨자 1큰술, 꿀 ½큰술, 다진 마늘 ½큰술

만들기

1. 닭은 껍질을 벗기고 50℃ 물에 씻어 물기를 제거한 후 소금누룩에 버무려 숙성시킨다.
2. 끓임물 재료와 닭을 넣고 끓기 시작하면 중약불에서 15~20분 정도 더 끓인 후 체에 밭쳐 국물과 닭을 따로 받고, 국물은 기름기를 제거한다.
3. 국물에 닭을 다시 넣고 끓이다가 육질이 부드러워지기 시작하면 소금누룩과 먹기 좋은 크기로 썬 감자, 양파, 새송이버섯, 대파 순으로 넣고 끓인다.
4. 다 끓으면 절편을 넣고 건지부터 건져 분량의 재료를 섞어 각각 두반장소스와 연겨자소스를 만든다. 다시 두반장소스와 연겨자소스를 섞어서 소스를 만든 다음 이 소스에 찍어 먹는다.
5. 국물에 칼국수 면을 넣고 익으면 먹는다.

cooking tip

장아찌를 곁들인다. 깻잎채, 땡초채도 곁들인다. 남은 국물에 신김치를 쫑쫑 썰어 볶음밥으로 만들어 먹기도 한다. 소스에 다진 청양고추 2개, 채썬 깻잎 3장, 부추맛간장절임소스 ⅔작은술을 넣어서 먹으면 더 맛있다.

박고지김밥

—

재료

박고지(건조) 100g, 달걀 4개, 새우 8~12마리, 오이 75g, 쑥갓 75g, 청양고추소스 1큰술, 김밥용 김 4장, 밥 600g, 소금 약간, 올리브오일

박고지양념 조청 30g, 간장 1큰술, 생수 70㎖, 간장누룩 1큰술, 맛술 1작은술

달걀양념 간장누룩 2작은술, 다시마물 4큰술, 맛술 2작은술

만들기

1. 건조 박고지를 김밥 길이로 잘라 물에 씻어 소금에 잘 비벼 섬유질을 부드럽게 만든다. 20분 정도 물에 불려 뜨거운 물에 4~5분 삶아 냉수에 씻어 물기를 짠다.
2. 냄비에 맛술을 제외한 박고지양념을 넣고 중불에서 끓으면 손질한 박고지를 넣고 양념이 없어질 때까지 졸이다가 맛술을 넣고 섞는다.
3. 볼에 달걀과 달걀양념을 넣고 잘 섞어 팬에 두툼하게 부친 후 김밥 길이로 4등분한다.
4. 새우는 내장을 제거하고 꼬리 부분에 꼬치를 꽂은 후 청주를 넣은 끓는 물에 데치고 꼬치와 껍질, 꼬리를 제거한다.
5. 오이는 길이로 길게 썰고, 쑥갓과 같이 끓는 물에 살짝 넣었다가 꺼내 바로 얼음물에 헹군다. 오이는 물기를 닦아내고, 쑥갓은 물기를 꾹 짠 후에 각각 청양고추소스 ½큰술에 버무린다.
6. 김 위에 밥을 김의 ⅔정도까지 편 후 청양고추소스를 살짝 바르고 위의 재료들을 올린 후 만다.

cooking tip

냄비에 식초 90㎖, 소금 20g, 다시마 5g을 넣고 소금이 녹을 정도로만 끓여 만든 단촛물을 고슬고슬한 밥에 적당량을 넣고 칼로 자르듯이 섞는다. 맨 밥으로 싸는 김밥보다 훨씬 맛있다.

멍게덮밥

재료

밥 1공기, 멍게 100g, 소금누룩 4g(멍게 무게의 4%), 어린잎채소 40g, 오이 ½개, 조미김채 약간

양념장 생선누룩 1큰술, 들기름 1큰술, 깨소금 1큰술, 다진 청양고추 1큰술

만들기

1. 멍게는 깨끗이 씻어 물기를 제거하고 적당한 크기로 썬 후 소금누룩을 발라 하루정도 냉장고에서 숙성시킨다. 오이는 채썬다.
2. 그릇에 어린잎채소를 깔고 밥을 얹어 숙성시킨 멍게, 채썬 오이와 김을 얹은 후 양념장을 곁들여 낸다.

cooking tip

소금누룩에 재우면 멍게색이 하얗게 변한다.

궁채볶음밥

재료

생궁채 50g(삶아 손질한 시판용 궁채), 대패삼겹살 50g, 소금누룩 2g(대패삼겹살 무게의 4%), 고추냉이 2작은술, 맛간장 2큰술, 밥 400g, 포도씨오일 1큰술, 통깨 1작은술, 참기름 1작은술, 송송 썬 쪽파 1큰술

만들기

1. 생궁채는 잘게 썰어 고추냉이와 맛간장에 버무린 후 10분 정도 재운다.
2. 대패삼겹살도 한입크기로 썰어 소금누룩에 30분 정도 재운다.
3. 팬에 포도씨오일을 두르고 생궁채와 대패삼겹살을 볶다가 대패삼겹살이 익으면 밥을 넣어 칼로 자르듯 섞으면서 볶는다.
4. 그릇에 담고 통깨와 참기름을 뿌리고 송송 썬 쪽파를 얹어낸다.

cooking tip

다른 채소를 함께 썰어 넣고 볶아도 된다. 그리고 궁채장아찌가 있다면 잘게 다져 볶음밥에 사용해도 맛있다.

톳조림비빔밥

—

재료

불린 톳 400g, 불린 표고버섯 3개, 유부 25g, 당근채 50g, 우엉채 60g, 달걀 2개, 밥 400g, 어린잎채소 적당량

소스 맛간장 4큰술, 멸치액젓 1큰술, 맛술 5큰술, 조청 100g

만들기

1. 불린 표고버섯은 채썬다. 유부는 끓는 물에 살짝 데쳐 물기를 짜고 채썬다.
2. 냄비에 소스의 재료를 섞어 끓인다. 소스가 끓으면 표고버섯, 우엉채, 유부채, 당근채와 불린 톳을 넣고 소스가 자작하게 남을 정도로 조린다.
3. 달걀은 풀어서 지단을 만들어 채썬다.
4. 뜨거운 밥에 조린 톳을 적당량 넣고 잘 섞은 후 그릇에 담고 달걀지단을 위에 얹어낸다.

cooking tip

완성된 톳조림은 냉동 보관했다가 먹을 때 꺼내어 해동시킨 후 들기름이나 참기름에 다시 한 번 볶아 먹는다. 말린 톳 50~60g 정도를 불리면 400g 정도가 나온다.

버섯치즈전

재료

버섯 170g(느타리버섯 100g, 팽이버섯 30g, 표고버섯 20g, 새송이버섯 20g), 옥수수통조림 ⅓컵, 당근 적당량, 청양고추 1개, 매운 홍고추 1개, 새우 20g, 오징어 20g, 달걀 1개, 부침가루 2큰술, 튀김가루 2큰술, 소금누룩 1작은술, 생수 3큰술, 모짜렐라치즈 50g, 포도씨오일 적당량

만들기

1. 버섯은 소주 스프레이를 뿌려 키친타월로 닦은 후에 가늘게 뜯거나 채썬다.
2. 옥수수는 끓는 물에 살짝 데친다. 당근은 채썰고, 고추류는 다진다. 새우와 오징어도 채썬다.
3. 볼에 달걀, 부침가루, 튀김가루, 소금누룩, 생수를 넣어 잘 섞은 후 버섯류와 ②의 재료를 넣어 섞는다.
4. 팬에 포도씨오일을 두르고 ③을 얇게 펴 한 면이 노릇하게 구워지면 뒤집어 그 위에 피자 치즈를 넓게 펴놓고 한 번 더 뒤집어 치즈가 노릇해지도록 굽는다.

부추해물전

—

재료

부추 50g, 당근 25g, 청양고추 2개, 매운 홍고추 1개, 마늘 2알, 오징어 30g, 새우 30g, 소금누룩 1작은술, 부침가루 3큰술, 청양고추소스 1큰술, 달걀 1개, 포도씨오일 적당량

양념장 맛간장 1큰술, 청양고추소스 1큰술, 식초 ½큰술, 꿀 1큰술, 다진 양파 약간, 다진 대파 약간

만들기

1. 부추는 1~2㎝ 길이로 썬다. 당근은 채썰고, 고추는 송송, 마늘은 다진다.
2. 오징어와 새우는 소주를 넣은 물에 깨끗이 씻은 후 물기를 빼고 굵게 다져 소금누룩에 버무린다.
3. 볼에 부침가루, 청양고추소스, 달걀, ①과 ②를 넣어 고루 섞는다.
4. 달군 팬에 포도씨오일을 두른 후 적당량의 반죽을 올려 노릇하게 부친다.
5. 양념장을 곁들인다.

파슬리된장전

—

재료

파슬리 100g, 새우 50g, 소금누룩 ½~1작은술, 청양고추 3개, 포도씨오일 적당량

반죽 저염된장 2큰술, 부침가루 3큰술, 튀김가루 3큰술, 달걀 1개, 생수 ¼컵

만들기

1. 파슬리는 잎 부분만 뜯어 굵게 다지고 청양고추도 길이로 갈라 씨를 제거하고 다진다.
2. 새우는 물기를 빼고 다진 후 소금누룩에 버무린다.
3. 볼에 분량의 반죽재료를 잘 섞은 후 파슬리와 새우를 넣어 고루 섞는다.
4. 팬에 포도씨오일을 두르고 적당량의 반죽을 올려 앞뒤로 노릇하게 부친다.

쇠고기육전

재료

쇠고기 우둔살(또는 설도) 300g, 소금누룩 12g(쇠고기 무게의 4%), 찹쌀가루 적당량, 잣가루 약간,
참기름 + 현미유 적당량, 대파채 적당량

<u>쇠고기밑간</u> 양파즙 1큰술, 맛간장 1큰술, 맛술 1큰술, 꿀 1큰술, 다진 마늘 1작은술, 후춧가루 1작은술

만들기

1. 쇠고기 우둔살은 얇게 저며 50℃ 물에 씻은 후 물기를 제거한 다음 소금누룩을 발라 냉장고에서 30분 이상 숙성시킨다.
2. 숙성된 쇠고기는 분량의 재료를 섞어 만든 쇠고기밑간을 넣고 버무린다.
3. 버무린 쇠고기는 찹쌀가루를 묻혀 참기름과 현미유를 반반씩 섞어 만든 기름을 팬에 두르고 노릇하게 굽는다.

완자전

—

재료

다진 쇠고기 150g, 다진 돼지고기 150g, 소금누룩 12g(다진 고기 무게의 4%), 포도씨오일 적당량

<u>부침반죽</u> 송송 썬 부추 30g, 다진 양파 30g, 송송 썬 쪽파 30g, 다진 당근 30g, 달걀 1개, 소금누룩 1큰술, 다진 마늘 1큰술, 밀가루 ⅔컵, 전분 ⅔컵, 맛술 2큰술

만들기

1. 쇠고기와 돼지고기는 핏물을 빼고 서로 잘 섞은 후 소금누룩을 넣어 숙성시킨다.
2. 숙성시킨 고기는 부침반죽 재료를 넣고 치대어서 원하는 모양을 만든 후 달군 팬에 포도씨오일을 두르고 약불에서 앞뒤로 노릇하게 굽는다.

cooking tip

양파는 다져 소금누룩에 절여 물기를 짜고 사용한다.

생선전

—

재료

대구포 15장, 소금누룩(대구살 무게의 4%), 달걀 2개, 소금누룩 2작은술, 밀가루 3큰술,
빵가루 2컵, 포도씨오일 적당량

만들기

1. 대구살은 소금누룩을 발라 30분 이상 재운다.
2. 달걀은 소금누룩을 넣고 잘 섞는다.
3. 재운 대구살에 밀가루와 달걀, 빵가루 순으로 묻힌다.
4. 달군 팬에 오일을 두르고 약불에서 앞뒤로 노릇하게 굽는다.

cooking tip

생선전에 사용되는 생선은 소금누룩에 절여 약간 건조시켜서 구우면 전이 쫄깃해진다.
밀가루 대신에 녹말가루를 사용하면 좀 더 바삭한 생선전이 된다.

두부전 & 호박전

—

재료

부침용 두부 400g, 소금누룩 16g(두부 무게의 4%), 애호박 1개, 소금누룩(호박 무게의 4%), 참기름 약간, 밀가루 적당량, 달걀 3개, 소금누룩 1큰술

만들기

1. 두부는 6~8등분하고, 애호박은 7~8㎜ 두께로 도톰하게 썰어 소금누룩, 참기름에 10분 이상 재운다.
2. 달걀은 소금누룩을 넣고 잘 섞는다.
3. 두부와 애호박에 밀가루를 살짝 묻힌 후에 털어내고 달걀옷을 입힌다.
4. 달군 팬에 포도씨오일을 두르고 두부와 애호박을 올려 앞뒤로 노릇하게 굽는다.

cooking tip

소금누룩에 재우는 시간을 하루정도 두었다가 구우면 두부와 호박의 맛이 더 풍부해진다. 밀가루를 묻히는 대신에 부침가루와 녹말가루를 1:1로 섞어 묻히기도 한다.

닭다리살스테이크

—

재료

닭다리살 500g, 아스파라거스 3~4대, 느타리버섯 80g, 녹말가루 적당량, 포도씨오일 적당량, 마늘칩 적당량

닭다리살밑간 청주 1큰술, 소금누룩 1큰술, 다진 마늘 10g, 후춧가루 약간

스테이크소스 케첩 ¼컵, 우스터소스 ¼컵, 꿀 1큰술, 조청 1큰술

만들기

1. 닭다리살은 칼집을 넣으면서 넓게 편 후 닭다리살밑간에 10분 정도 재운다.
2. 재운 닭다리살에 녹말가루를 고루 묻힌 후에 가볍게 털어낸다.
3. 팬에 포도씨오일을 넉넉히 두르고 껍질 부분이 아래로 가게 해서 앞뒤 모두 노릇하게 구운 후 꺼낸다.
4. 팬에 남은 여분의 기름을 닦아내고 분량의 재료를 섞어 만든 스테이크소스를 넣고 중불에서 끓으면 구운 닭다리살을 넣고 소스를 끼얹으면서 조린다.
5. 접시에 담고 달군 팬에 오일을 두르고 볶은 느타리버섯과 아스파라거스, 마늘칩을 곁들여낸다.

cooking tip

닭다리살을 손질할 때 칼집을 넣고 소금누룩으로 밑간을 하면 간이 잘 벤다.

소금누룩 두부스테이크

—

재료

단단한 두부 300g, 소금누룩 12g(두부 무게의 4%), 대패삼겹살 50g, 소금누룩 2g(대패삼겹살 무게의 4%), 만가닥버섯 30g, 표고버섯 30g, 편마늘 2큰술, 맛술 2큰술, 후춧가루 약간, 녹말가루 3큰술, 송송 썬 쪽파

만들기

1. 두부는 4~6등분한 후 분량의 소금누룩을 발라 하루 이상 숙성시킨다.
2. 숙성시킨 두부에 녹말가루를 묻혀 충분히 스며들도록 둔다.
3. 팬에 올리브오일을 두르고 두부를 노릇하게 구워 접시에 담는다.
4. 팬의 기름을 닦아내고 대패삼겹실, 편마늘, 버섯류, 후춧가루 순으로 넣고 볶아 구운 두부 위에 얹는다.

치킨마요조림

—

재료

닭다리살(정육) 2장, 소금누룩(닭다리살 무게의 4%), 녹말가루 적당량, 포도씨오일 2큰술,
송송 썬 쪽파 약간, 레몬껍질채 약간

소스 마요네즈 2큰술, 맛간장 2큰술, 청주 2큰술, 맛술 2큰술, 레몬껍질채 1작은술

만들기

1. 닭다리살은 먹기 좋은 크기로 썰어 소금누룩에 1시간 이상 절인 후 녹말가루를 앞뒤로 고루 묻힌다.
2. 팬에 포도씨오일을 두르고 껍질 부분이 아래로 가게 해서 앞뒤 모두 노릇하게 구운 후 꺼내 놓는다.
3. 팬에 남은 여분의 기름을 닦아내고 분량의 재료를 섞어 만든 소스와 ②를 넣고 약불에서 조린다.
4. 접시에 담고 송송 썬 쪽파와 레몬껍질채를 올려낸다.

cooking tip

채소 피클을 곁들여 먹으면 상큼한 맛을 즐길 수 있다.

치킨함박스테이크

—

재료

닭고기 400g, 소금누룩 16g(닭고기 무게의 4%), 양파 200g, 버터 20g, 빵가루 20g, 달걀 1개, 후춧가루 1작은술, 생수 ¼컵, 데미그라스소스 적당량, 밥 적당량, 다진 파슬리 약간

토핑 달걀프라이 4개, 방울토마토 10알, 아스파라거스 5대

만들기

1. 양파는 다져서 버터를 넣은 팬에 짙은 갈색이 나도록 볶은 후 식힌다.
2. 닭고기는 갈거나 다져서 소금누룩에 30분 이상 숙성시킨다.
3. 닭고기에 볶은 양파와 빵가루, 달걀, 후춧가루를 넣고 치댄 후 4등분해서 둥글게 패티를 만든다.
4. 팬에 올리브오일을 두르고 패티를 넣어 센불에서 갈색이 나도록 앞뒤를 굽다가 생수를 넣고 뚜껑을 덮어 약불에서 찌듯이 굽는다.
5. 구운 패티를 접시에 담고 위에 데미그라스소스를 뿌린다. 살짝 볶은 아스파라거스, 방울토마토, 달걀프라이를 곁들여낸다.

cooking tip

데미그라스소스를 만드는 방법은 이 책 230p에 자세하게 나와 있다.

매운 양념 햄버거조림

재료

다진 돼지고기 400g, 소금누룩 16g(돼지고기 무게의 4%), 올리브오일 1큰술, 밀가루 1큰술,
무화과 1~2개

양념❶ 다진 양파 100g, 만가닥버섯 80g, 후춧가루 약간, 달걀 1개, 빵가루 6큰술, 쌀꽃요거트 100㎖

양념❷ 매운 양념장 3큰술, 케첩 2큰술, 생수 1½컵

만들기

1. 돼지고기는 50℃ 물에 살짝 씻어 물기를 제거하고 소금누룩에 버무린다.
2. 양파는 다지고, 만가닥버섯은 밑동을 자른다.
3. 볼에 ①과 양념❶을 넣고 한쪽 방향으로 잘 저으면서 치댄 후 8개 정도의 미니햄버거를 만든다.
4. 달군 팬에 올리브오일을 두르고 버거를 노릇하게 구워 꺼낸다.
5. 팬의 기름을 닦아내고 만가닥버섯을 볶다가 밀가루를 뿌리면서 분량의 재료를 섞어 만든 양념❷를 넣는다. 중약불에서 끓어오르면 구운 버거를 넣고 뚜껑을 덮어 3분 정도, 뚜껑을 열고 양념을 조려 간이 배도록 익힌다.

cooking tip

돼지고기를 치댈 때 한쪽 방향으로만 저으듯이 치대면 부드러워진다. 중약불에서 앞뒤로 굽는 것이 훨씬 맛있게 굽는 방법이다. 녹말가루를 묻힌 후 바로 굽지 않고 녹말가루가 스며든 후에 굽도록 한다. 매운 양념장을 만드는 방법은 이 책 228p에 자세히게 나와 있다.

LA갈비구이

—

재료

갈비 2kg, 소금누룩 100g, 잣가루 적당량

양념❶ 양파 180g, 사과 180g, 배 180g, 통조림 파인애플 1조각, 청주 ½컵, 조청 3큰술, 꿀 3큰술

양념❷ 맛간장 ¾~1컵, 맛술 ½컵, 다진 마늘 ½컵, 생강즙 1큰술, 후춧가루 약간

만들기

1. 양파, 사과, 배, 파인애플은 믹서에 곱게 간 후에 나머지 재료를 넣어 양념❶을 만든다.
2. LA갈비는 50℃의 미지근한 물에 소주를 적당히 부어 2분 정도 담근 후 깨끗이 씻어낸다. 특히 잔뼈를 씻어낸다.
3. 손질한 갈비는 물기를 제거하고 소금누룩을 발라 냉장고에서 1시간 정도 숙성시킨다.
4. 숙성된 갈비에 양념❶을 넣어 30분 이상 더 숙성시킨 뒤 분량의 재료를 섞어 만든 양념❷를 넣어 재운다.
5. 달군 팬에 갈비를 구워 접시에 담고 잣가루를 뿌려낸다.

cooking tip

파인애플은 통조림을 주로 사용하는데 그 이유는 생파인애플을 사용할 경우 연육작용이 강해 육류가 너무 물러지기 때문이다.

샐러드, 스프, 건강음료,
그리고 디저트로
몸을 가볍게 하세요

사람들과 함께 좋은 음식을 나누는 일은 행복하다. 그 누군가와 함께 누룩을 통해 서로 교감하고 있다는
사실이 무엇보다 나 자신을 행복하게 만든다. 나이 들어 떠난 일본 유학, 그리고 그곳에서 어렵게 배운 쌀누룩.
이제는 한식에 적용해 우리의 옛 맛과 감칠맛을 다시 찾아내는 일에 가슴이 벅차오른다.

궁채샐러드

—

재료

생궁채 50g(삶아 손질한 시판용 궁채), 소금누룩(생궁채 + 오이 + 아보카도 무게의 4%),
오이 120g, 아보카도 ½개,
드레싱 명란젓 1큰술, 마요네즈 1큰술, 고추냉이 2작은술

만들기

1. 생궁채는 2~3㎝ 길이로 썰고, 오이는 길이로 4등분한 후 씨 부분을 잘라내고 2~3㎝ 길이로 썬다. 아보카도는 길게 반으로 자른 후 씨를 빼고 오이 크기로 썬다.
2. 썰어놓은 생궁채, 오이, 아보카도는 소금누룩에 버무려 10분 이상 숙성시킨다.
3. 분량의 재료를 섞어 만든 드레싱에 버무려낸다.

cooking tip

드레싱에 들어가는 명란젓은 껍질을 제거하고 알만 사용한다. 궁채장아찌 남은 것이 있다면 꾹 짜서 드레싱에 무쳐 먹어도 아삭하고 맛있다. 아보카도는 마지막에 넣어 살짝 버무린다. 시판용 생궁채를 한 번 더 살짝 데쳐 내어 사용한다.

고추냉이 아보카도샐러드

—

재료

아보카도 1개, 마 200g, 어린잎채소 또는 쏘렐잎 약간

드레싱 크림치즈 1큰술, 간장누룩 1큰술, 레몬즙 1큰술, 고추냉이 ½큰술

만들기

1. 팔팔 끓는 물에 껍질을 벗긴 마를 넣어 2분 정도 데친 후 건져낸다.
2. 데친 마와 아보카도는 먹기 좋은 크기로 썬다.
3. 분량의 재료를 섞어 만든 드레싱에 버무려낸다.

cooking tip

마를 데치게 되면 마의 진액 알레르기가 있는 사람들도 손쉽게 접할 수가 있다. 차갑게 냉장 보관한 후에 먹으면 더 맛있다.

당근샐러드

—

재료

당근 300g, 건포도 40g

드레싱 올리브오일 1½큰술, 소금누룩 13g

만들기

1. 당근은 곱게 채썬다.
2. 건포도는 따끈한 60℃의 물에 헹구어 체에 받친다.
3. 당근과 건포도에 드레싱을 넣어 버무린 후 10분 정도 둔다.

cooking tip

건포도를 따끈한 물에 헹구는 것은 건포도 표면에 코팅된 부분을 제거하기 위해서다. 당근 대신에 무나 콜라비를, 건포도 대신에 곶감을 써도 맛있다.

두부된장절임샐러드

재료

단단한 두부 300g, 소금누룩 12g(두부 무게의 4%), 새싹채소 적당량

절임장 미소된장 3큰술, 꿀 3큰술, 맛술 1큰술, 청주 1큰술

고추냉이간장 간장 1큰술, 고추냉이 약간

만들기

1. 두부는 키친타월을 감아 물기를 제거한 후 소금누룩을 발라 1시간 숙성시킨다.
2. 사각용기에 분량의 재료를 섞어 만든 절임장의 반을 밑바닥에 깔고 두부를 놓은 다음 나머지 절임장 반을 위에 덮어 냉장고에 하룻밤 보관한다.
3. 먹기 좋은 크기로 썰어 고추냉이간장에 찍어 먹거나, 참기름을 뿌려 먹는다.

cooking tip

두부절임이 남게 되면 찌개에 넣거나 두부구이를 할 때 녹말가루를 살짝 묻혀 구워서 먹는다. 미소된장 대신에 저염된장도 사용이 가능하다.

양배추생선누룩샐러드

재료

양배추 100g, 생선누룩 6g(양배추 무게의 6%), 당근 20g, 참기름 1큰술, 통깨 약간, 한련화 약간

만들기

1. 양배추는 두꺼운 심을 빼고 한입크기로 썰어 생선누룩에 재운다.
2. 당근은 채썰거나 모양틀로 찍어낸다.
3. 볼에 양배추와 당근을 담고 참기름과 통깨로 마무리한다.

cooking tip

당근 대신에 소금에 절인 다시마를 참기름 대신에 들기름을 넣게 되면 좀 더 색다른 맛을 느낄 수 있다.

콩나물샐러드

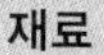

재료

콩나물 500g, 다진 대파 2큰술, 청양고추 1개, 매운 홍고추 1개, 오이 150g, 양파 50g,
생선누룩 1큰술 + 1큰술, 맛간장 1큰술, 고추냉이 ½큰술

만들기

1. 콩나물은 소금누룩을 넣어 끓인 물에 2분 정도 데친 후 얼음물에 담갔다가 체에 밭쳐 물기를 뺀다.
2. 오이는 길이로 가른 후 씨 부분을 제거하고 어슷썰어 생선누룩 1큰술에 재운다.
3. 대파와 고추류는 다지고, 양파는 채썰어 얼음물에 담갔다가 체에 밭친다.
4. 콩나물과 오이, 양파, 다진 대파와 고추, 맛간장, 고추냉이, 생선누룩 1큰술을 넣고 버무린다.

cooking tip

콩나물무침보다 가벼운 느낌의 샐러드다. 차갑게 냉장 보관한 후에 먹으면 더 맛있다. 기호에 따라 참기름을 조금 넣어도 좋다.

닭가슴살샐러드

재료

닭가슴살 300g, 소금누룩 18g(닭가슴살 무게의 6%), 오이 150g, 어린잎채소 적당량,
아몬드 슬라이스 1큰술

소스 보리누룩된장 1큰술, 맛술 ½큰술, 다진 소금매실 1개

만들기

1. 닭가슴살은 50℃ 물에 식초 적당량을 넣어 씻은 후 얇게 펴서 소금누룩을 바르고 1시간 이상 재운다.
2. 오이는 얇게 어슷썬다.
3. 재운 닭가슴살은 김이 오른 찜기에 약불로 은근하게 찐 후 길이로 굵게 찢는다.
4. 분량의 재료를 섞어 만든 소스에 오이와 닭가슴살을 넣고 버무린다.
5. 접시에 닭가슴살과 어린잎채소를 깔고 그 위에 아몬드 슬라이스를 뿌린다.

cooking tip

소금누룩에 절인 닭가슴살을 하루정도 더 냉장고에 숙성시키면 좀 더 쫄깃한 맛을 즐길 수 있다. 소금매실이 없을 경우에 우메보시를 사용한다.

두부구이샐러드

—

재료

단단한 두부 300g, 소금누룩 12g(두부 무게의 4%), 녹말가루 적당량, 포도씨오일 적당량, 다진 청양고추 약간, 다진 당근 약간, 갈은 무 약간, 어린잎채소 적당량

소스 다시마물 120㎖, 맛술 2큰술, 맛간장 2큰술, 녹말가루 1큰술, 간장누룩 약간

만들기

1. 두부는 물기를 빼고 3㎝ 크기의 주사위 모양으로 썰어 소금누룩에 10분 정도 재웠다가 녹말가루를 묻힌다.
2. 달군 팬에 포도씨오일을 넉넉히 두르고 두부를 노릇하게 굽는다.
3. 냄비에 분량의 소스 재료를 넣고 저으면서 끓이다가 끓어오르면 간장누룩으로 간한다.
4. 구운 두부 위에 소스를 뿌리고 다진 청양고추, 다진 당근, 갈은 무, 어린잎 채소를 올린다.

cooking tip

소스는 먹기 전에 뿌린다.

고추냉이오이샐러드

—

재료

오이 2개, 잣가루 적당량

소스 맛간장 4작은술, 소금누룩 2작은술, 고추냉이 1작은술, 다진 마늘 ⅔작은술

만들기

1. 오이는 양면에 촘촘히 칼집을 어슷하게 넣어 3㎝ 길이로 어슷썬다.
2. 비닐봉지에 소스와 오이를 넣고 재운다.
3. 냉장고에 보관했다가 접시에 담고 잣가루를 뿌려낸다.

간장소스버섯샐러드

재료

생표고버섯 5개, 만가닥버섯 1팩, 팽이버섯 1봉지, 느타리버섯 ½봉지, 갈아 물기 뺀 무 ½컵

밑간 소금누룩 1큰술, 맛술 1큰술

소스 맛간장 1큰술, 맛술 1큰술, 식초 ½큰술, 레몬즙 1큰술, 꿀 1큰술, 고추냉이 1작은술

만들기

1. 생표고버섯은 4등분, 만가닥버섯과 느타리버섯은 적당한 굵기로 뜯고, 팽이버섯은 밑동만 잘라서 밑간한다. 달군 팬에 각각의 버섯을 노릇하게 구워 접시에 가지런히 담는다.
2. 버섯 위에 분량의 재료를 섞어 만든 소스와 갈은 무를 얹는다.

cooking tip

버섯을 구울 때 오일을 두르지 않고 굽는다. 소스는 먹기 전에 뿌린다. 소스에 사용하는 맛술과 술 종류는 불에 올려 한 번 끓여 알코올을 증발시킨 후에 식혀서 사용하면 알코올 특유의 쓴맛을 없앨 수 있다.

된장소스 닭다리살샐러드

—

재료

닭다리살 300g, 소금누룩 12g(닭다리살 무게의 4%), 오이 120g, 대파채 적당량

소스 된장 1큰술, 간장누룩 1큰술, 청양고추소스 1큰술, 식초 1큰술, 꿀 1큰술, 다진 파 1큰술, 다진 생강 1작은술, 깨소금 1큰술

만들기

1. 손질한 닭다리살은 50℃ 물에 씻어 물기를 제거한 후 소금누룩을 발라 1시간 이상 재운다.
2. 김이 오른 찜기에 닭다리살을 넣어 저온에서 10분 정도 찐 후 뚜껑을 덮은 채 식힌다.
3. 식힌 닭고기는 한입크기로 썰고, 오이는 채썰거나 얇게 슬라이스한다.
4. 접시에 오이와 닭다리살을 예쁘게 담고 분량의 재료를 섞어 만든 소스를 넉넉히 뿌린 다음 대파채를 올린다.

cooking tip

저온에서 쪄야 고기의 부드러움을 유지할 수 있다.

단호박스프

—

재료

단호박 200g, 양파 100g, 고구마 90g, 사과 100g, 잣 20g, 쌀꽃요거트 400g, 소금누룩 1큰술, 호박씨 약간

만들기

1. 냄비에 작게 썬 단호박, 양파, 고구마, 사과를 넣고 약불에서 푹 익힌다.
2. 푹 삶은 재료에 잣을 넣고 믹서에 곱게 간다.
3. 쌀꽃요거트와 소금누룩을 넣고 잘 섞는다.

cooking tip

견과류는 여러 가지를 혼합해서 쓰기보다 한 가지만 넣고 다양하게 바꾸어 먹어보도록 한다. 넉넉하게 만들어 용기에 조금씩 담아 냉동 보관했다가 하나씩 꺼내어 먹는다. 단호박은 깨끗이 씻어 껍질을 벗기지 않고 먹는 것이 좋다.

두부와 쌀꽃요거트 포타주

—

재료

양파 100g, 현미유 4작은술, 마 200g, 두부 400g, 다시마물 200㎖, 미소된장 2작은술, 쌀꽃요거트 1컵, 간장누룩(또는 소금누룩) 적당량

토핑 연겨자 1작은술, 맛간장 1작은술, 잣 약간

만들기

1. 양파는 채썰고, 마는 껍질을 벗겨 2㎝ 폭으로 자른다.
2. 팬에 현미유를 두르고 양파를 볶는다.
3. 양파가 부드러워지면 마와 손으로 으깬 두부, 다시마물, 미소된장을 넣고 뚜껑을 덮어 약불에서 저어가며 마가 부드러워질 때까지 5분 정도 익힌다.
4. 믹서에 쌀꽃요거트와 ③을 넣고 곱게 간다.
5. 그릇에 담고 연겨자와 맛간장, 잣으로 토핑한다.

cooking tip

다시마물은 생수 5~7컵에 다시마 30g을 넣어 3~4시간 우려낸다.

근채류스프

—

재료

당근 100g, 연근 100g, 단호박 100g, 우엉 100g, 생수 2½~3컵, 소금누룩 적당량,
연근칩 또는 우엉칩 약간, 올리브오일 적당량

만들기

1. 모든 채소는 껍질째 50℃ 식초물에 깨끗이 씻어 잘게 썬다.
2. 냄비에 단단한 순서인 단호박, 당근, 연근, 우엉 순으로 켜켜이 놓고 생수를 붓는다.
3. 센불에서 끓으면 뚜껑을 덮고 20~30분 정도 중약불에 더 끓인 후 믹서에 곱게 간다.
4. 먹을 때마다 소금누룩으로 간을 한고 올리브오일을 살짝 뿌린다.

cooking tip

먹을 때 올리브오일을 살짝 뿌리면 지용성 비타민의 흡수율을 높일 수 있다. 겨울에는 무를 넣어도 맛있다.
4가지 이상의 재료를 넣지 않는다. 여러 가지를 넣게 되면 식물이 서로 기(氣)를 빼앗는 경향이 있다.

채소스프

재료

양파 100g, 당근 100g, 양배추 100g, 단호박 100g, 생수 2½~3컵, 소금누룩 적당량, 올리브오일 적당량

만들기

1. 모든 채소는 껍질째 50℃ 식초물에 깨끗이 씻어 잘게 썬다.
2. 냄비에 단단한 순서인 단호박, 당근, 양파, 양배추 순으로 켜켜이 놓고 생수를 붓는다.
3. 센불에서 끓으면 뚜껑을 덮고 20~30분 정도 중약불에 더 끓인 후 믹서에 곱게 간다.
4. 먹을 때마다 소금누룩으로 간을 하고 올리브오일을 살짝 뿌린다.

cooking tip

가장 기본적인 해독스프다. 하루에 2번 정도 먹고, 먹기 전에 올리브오일을 넣으면 지용성 비타민의 흡수율을 높일 수 있다. 소금누룩으로 간을 한 후 먹어야 풍부한 맛을 느낄 수 있다.

채소스프의 장점

1. 한 번에 많은 양의 채소를 섭취할 수 있고 생채소보다 몸에 흡수율이 좋다.
2. 당뇨, 암, 고혈압 등 성인병 예방에 탁월하다.
3. 영양소 섭취에 효과적이다. 변비 해소에 좋고, 장면역력을 강화시킨다.
4. 파이토케미칼(기능성 성분) 유효작용.
5. 손쉽게 만들 수 있을 뿐만 아니라 한 번에 만들어 냉장, 냉동 보관이 용이하다. 냉동채소스프는 파이토케미칼 성분이 더 진해진다.

파이토케미칼

파이토케미칼은 식물이 자신을 지키기 위해 만들어내는 기능성 성분이다. 과일, 채소, 식물 전반에 함되어 있는 성분(향, 맛, 색)으로 면역력, 항암, 항산화 작용을 한다.

닭가슴살스프

—

재료

닭가슴살 100g, 소금누룩 1큰술, 당근 50g, 양파 50g, 월계수잎 2장, 생수 2컵, 맛간장 ½큰술, 소금누룩 ½큰술

만들기

1. 닭가슴살은 굵게 다진 후 소금누룩에 버무린다.
2. 당근과 양파도 0.5㎝ 크기로 썬다.
3. 냄비에 닭가슴살과 당근, 양파, 생수, 월계수잎을 넣고 끓인다.
4. 끓기 시작하면 뚜껑을 덮고 약불에서 30분 정도 더 끓인다.
5. 다 끓인 후 맛간장과 소금누룩으로 간한다.

cooking tip

다이어트, 생활 습관병, 근육강화에 좋은 스프다.

토마토 쌀꽃요거트스프

재료

토마토 100g, 당근 100g, 양파 100g, 소금누룩 1½큰술, 올리브오일 1큰술, 쌀꽃요거트 200㎖

만들기

1. 토마토는 칼집을 내어 끓는 물에 넣고 살짝 데친 후 껍질을 벗겨 적당한 크기로 썬다.
2. 당근, 양파는 채썬다.
3. 냄비에 올리브오일을 두르고 토마토와 당근, 양파를 넣고 투명해질 정도로만 볶는다.
4. 믹서에 ③과 쌀꽃요거트를 넣어 곱게 간다. 소금누룩으로 간한다.

cooking tip

먹기 직전에 소금누룩으로 간한다.

쌀꽃요거트 두유

재료

쌀꽃요거트 200㎖, 두부 50g, 잣 5g, 소금누룩 ½큰술

만들기

1. 쌀꽃요거트, 두부, 잣, 소금누룩을 믹서에 넣고 곱게 간다.
2. 냉장고에 넣어 두었다가 시원하게 마신다.

cooking tip

장이 민감한 사람들에게 식사대용으로 먹으면 좋다.

쌀꽃요거트 파인애플 젤리

재료

쌀꽃요거트 200㎖, 파인애플(딸기, 망고, 블루베리 등등) 180g, 한천가루 1작은술, 생수 ⅓컵, 레몬 제스트 약간, 애플민트 약간

만들기

1. 파인애플은 포크나 나이프로 으깬다.
2. 냄비에 쌀꽃요거트와 생수, 그리고 한천을 넣고 잘 섞은 후에 끓어오르면 약불로 줄여 1~2분 더 끓인 다음 으깬 파인애플을 넣어 다시 끓을 때까지 끓인 후에 식힌다.
3. 용기에 담아 냉장고에서 1시간 정도 두었다가 썬다.

cooking tip

파인애플을 갈거나 다져 넣어도 좋고 파인애플 외에 다양한 과일들을 이용해 만들 수도 있다.

두부 딸기아이스크림 & 두부 망고아이스크림

재료

두부 300g, 소금누룩 1큰술, 냉동과일(딸기, 파인애플, 망고 등) 100g, 레몬즙 1큰술, 아보카도 1개, 꿀 50g, 쌀꽃요거트 100㎖

만들기

1. 두부는 물기를 빼고 칼등으로 으깨어 소금누룩을 넣어 30분 이상 재운다.
2. 두부와 냉동과일(딸기, 파인애플, 망고 등), 레몬즙, 아보카도, 꿀, 쌀꽃요거트를 믹서에 넣고 부드럽게 간다.
3. 용기에 담아 냉동고에서 얼린다. 얼 때까지 도중에 3~4회 포크로 긁는다.

cooking tip

완성된 후 생과일을 잘게 잘라 섞어도 좋다.

레몬 쌀꽃요거트 & 딸기 쌀꽃요거트

재료

레몬 1개, 쌀꽃요거트 400㎖

만들기

1. 레몬은 껍질을 강판에 내린 후 나머지 껍질과 씨를 제거하고 잘게 썬다.
2. ①을 쌀꽃요거트와 함께 믹서에 곱게 갈아 냉장고에 보관한다.

cooking tip

유자를 이용해도 좋다. 레몬과 유자는 소금을 넣은 끓는 물에 살짝 데친 후 깨끗이 씻어 사용한다.

재료

딸기 7알, 쌀꽃요거트 200㎖, 소금누룩 1작은술

만들기

1. 모든 재료를 믹서에 넣고 간다.
2. 계절과일을 이용해 다양한 요거트를 즐길 수 있다.

cooking tip

냉동과일을 쓸 경우에는 스무디로 만들어 무설탕 아이스크림으로 만들 수 있다.

쌀꽃요거트 막걸리 & 쌀꽃요거트 소주

재료

❶쌀꽃요거트 2컵, 막걸리 1컵
❷쌀꽃요거트 2컵, 소주 ½컵

만들기

1. 쌀꽃요거트 막걸리는 ❶의 재료를 잘 섞어 마신다.
2. 쌀꽃요거트 소주는 ❷의 재료를 잘 섞어 미신다.

김치, 매운 양념장, 소스류, 그리고 조청도 만들 수 있어요

꿈을 꾼다. 이미 내 안에 있는 쌀누룩과 소금누룩으로
나 자신만의 레시피를 만들어 많은 사람들이 누룩을 이용해 건강한 요리를 만들어 먹는 날까지 노력하고 싶다.
늦은 나이지만 나의 꿈을 다시 하나씩 이루어가는 행복한 꿈을 찾아 떠나고 싶다.

궁채장아찌

—

재료

생궁채 250g(삶아 손질한 시판용 궁채)

절임장 다시마물 1컵, 맛간장 ½컵, 현미식초 ¼컵, 맛술 ¼컵, 소주 ¼컵, 꿀 25g

만들기

1. 생궁채는 4㎝ 길이로 썬다.
2. 분량의 재료를 섞은 절임장이 팔팔 끓으면 불을 끄고 한 김을 내보낸 후 뜨거울 때 생궁채 위에 붓는다.
3. 3~4일 후 체에 밭쳐 국물만 팔팔 끓여 식힌 다음 다시 부어 냉장 보관한다.

cooking tip

하루 지난 후부터 먹을 수 있고, 바로 먹어도 맛있다. 절임장에 꾹 짠 궁채장아찌 70g을 다진 마늘 ½작은술, 들기름 1작은술, 다진 청고추 ½작은술, 다진 홍고추 ½작은술, 통깨 1작은술, 고춧가루 ½작은술을 넣고 무쳐서 먹어도 맛있다.

김장아찌

재료

재래곱창돌김 40장, 잣 추가

다시마물 다시마 30g, 생수 5~7컵

장아찌소스 다시마물 4컵, 청주 1컵, 조청 80g, 꿀 80g, 맛술 4큰술, 맛간장 9큰술

마요네즈김장아찌 김장아찌 50g, 마요네즈 10g

고추냉이김장아찌 김장아찌 50g, 고추냉이 10g

기본장아찌 김장아찌 50g, 참기름 1/2큰술, 통깨 1/2큰술

만들기

1. 냄비에 다시마물을 넣고 끓으면 나머지 장아찌소스를 넣어 중불에서 한 번 더 끓인다.
2. 구운 김을 찢어 ①에 넣고 가끔 저으면서 소스가 없어질 때까지 졸인 후 넓은 그릇에 담아 식힌다.

cooking tip

파래김은 사용하지 않는다. 김 조직이 엉성한 것보다 촘촘한 조직의 김이 장아찌용으로 적합하다.
그냥 먹어도 맛있지만 먹기 전에 마요네즈나 고추냉이, 참기름을 넣고 섞어 먹으면 또 다른 맛의 장아찌가 된다.

깻잎된장장아찌

—

재료

깻잎 250g, 대파 흰대 30g, 청양고추 1~2개, 홍고추 1개

<u>**절임장**</u> 저염된장 50g, 생수 1¼컵, 맛간장 8큰술, 조청 ¼컵, 맛술 ¼컵, 다진 마늘 1큰술

만들기

1. 깻잎은 깨끗이 씻어 체에 밭친다. 대파 흰대는 굵게 다진다. 고추는 송송 썰어 씨를 털어낸다.
2. 냄비에 분량의 재료를 섞은 절임장을 넣어 끓인다.
3. 팔팔 끓는 된장절임장에 깻잎을 스무장씩 넣어 3초 정도 앞뒤로 담갔다가 빼서 그릇에 담는 과정을 반복한다.
4. 깻잎을 담은 그릇에 한 김 식힌 남은 된장절임장을 붓고 다진 대파, 송송 썬 고추를 뿌린다.

cooking tip

끓는 절임장에 깻잎을 담갔다가 뺄 때 너무 오래 데치게 되면 질겨진다.

마늘종장아찌

재료

마늘종 500g, 레몬 ½개

절임장 맛간장 ½컵, 꿀 ¼컵, 조청 ¼컵, 마른 매운 홍고추 5개, 다시마물 300㎖, 맛술 ½컵

만들기

1. 마늘종은 4㎝ 길이로 썰어 식초물에 헹구고 체에 밭친다.
2. 마른 고추는 1㎝ 길이로 자르고 씨를 털어낸다.
3. 절임장 재료를 팔팔 끓여 마늘종과 마른 고추 위에 붓는다.

cooking tip

꿀이나 조청이 들어간 장아찌는 보관기간이 짧기 때문에 일주일 후 체에 밭쳐 절임장만 한 번 더 끓인 다음 식혀서 붓는다. 마늘종장아찌를 건져 고추장에 버무려 저장해도 맛있다.

상추장아찌

—

재료

상추 300g

<u>소스</u> 생수 1컵, 맛간장 1컵, 현미식초 ½컵, 조청 300g, 소주 1큰술

만들기

1. 소스는 분량의 재료를 모두 넣어 끓인 후 식힌다.
2. 손질한 상추에 식힌 소스를 붓는다.

cooking tip

상추를 장아찌로 만들면 차가운 성질이 따뜻한 성질로 바뀐다. 긴장을 완화시키고 신진대사를 도와 피로회복에 좋고 수면에도 도움을 준다. 만든 후 바로 먹을 수 있다.

오이장아찌

—

재료

오이 5개, 마늘 40g, 청양고추 5개, 매운 홍고추 5개

절임장 맛간장 1/2컵, 조청 1/4컵, 꿀 1/4컵, 현미식초 1/4컵

만들기

1. 오이는 길이로 4등분한 후 씨 부분을 잘라내고 4cm 길이로, 고추는 1cm 길이로 썰고, 마늘은 편썰어 밀폐용기에 담는다.
2. 냄비에 절임장 재료를 넣어 끓으면 불을 끄고 한 김을 내보낸 후 뜨거울 때 ①의 밀폐용기에 붓는다.

cooking tip

당근도 똑같은 방법으로 장아찌를 만들어 먹으면 맛있다.

쌀누룩발효새우젓

재료

새우젓 500g, 쌀누룩 500g, 다진 마늘 200g,
멸치액젓 250㎖

만들기

1. 모든 재료를 볼에 넣고 잘 섞은 후 용기에 담아 상온에서 일주일동안 숙성시킨다.
2. 숙성시킨 재료를 믹서에 넣고 갈은 후 냉장 보관해서 사용한다.

cooking tip

김치 양념장으로 또는 찌개, 전골, 볶음요리에도 사용한다.

보리누룩된장김치

—

재료

알배추 2포기, 소금누룩(배추 무게의 7%) 대파 흰대 40g, 양파 80g

양념 배 100g, 사과 50g, 마늘 40g, 생강 8g, 보리누룩된장 100g, 생선누룩 4작은술, 쌀꽃요거트 150㎖, 고춧가루 40g, 청양고춧가루 10g, 액젓 1큰술, 꿀 1~2큰술

만들기

1. 알배추는 반으로 가르고 뿌리 부분에 칼집을 살짝 넣어 햇볕에 반나절 말린 후 깨끗이 씻어 물기를 제거하고 줄기 부분에 소금누룩을 뿌려 6시간 정도 절인다.
2. 배와 사과, 마늘, 생강은 곱게 갈아 나머지 재료와 섞어 양념을 만든다.
3. 절인 배추는 체에 밭치고 절일 때 나온 물에 ②와 채썬 대파, 양파를 넣고 잘 버무린다.
4. 손질한 배추에 ③을 골고루 바른다.

cooking tip

김치를 담글 때에는 젓갈 사용이 필수이기 때문에 젓갈을 형식적이어도 조금 넣어야 된장김치라 할 수 있다.

수박 콜라비 배추물김치

—

재료

알배추 4포기, 소금누룩(배추 무게의 7%), 콜라비 600g, 소금누룩 36g(콜라비 무게의 7%), 대파 4대, 청양고추 10개

김칫국물 수박 1.8kg, 배 400g, 양파 200g, 매운 홍고추 150g, 홍고추 50g, 빨강파프리카 2개, 양파 200g, 마늘 50g, 생강 15g, 쌀꽃요거트 600㎖, 발효새우젓 120㎖

만들기

1. 알배추는 반으로 가르고 뿌리 부분에 칼집을 살짝 넣어 햇볕에 반나절 말린 후 깨끗이 씻어 물기를 제거하고 줄기 부분에 소금누룩을 뿌려 6시간 정도 절인다.
2. 콜라비는 껍질을 제거하고 얇게 나박썰어 소금누룩에 30분 이상 절인다.
3. 대파는 4㎝ 길이로 썰고, 청양고추는 고추 끝부분을 자른다.
4. 절인 배추는 체에 밭치고 절일 때 나온 물과 즙기에 내려 국물만 받은 김칫국물을 섞는다.
5. 김치통에 알배추를 깔고 그 위에 콜라비, 대파, 청양고추 순으로 켜켜이 올린다.
6. 분량의 재료를 섞어 만든 김칫국물을 붓는다.

cooking tip

소금누룩으로 하는 김치는 조금 짜다 싶어도 나트륨 양은 적으므로 염도 걱정은 하지 않아도 된다.
소금누룩으로 하는 간은 입맛에 맞추어 양을 조절한다.

쌀꽃요거트 양파김치

—

재료

양파 1kg, 대파 150g, 생선누룩 70g(양파 무게의 7%)

양념 발효새우젓 3큰술, 고춧가루 80g, 다진 마늘 60g, 다진 생강 20g, 쌀꽃요거트 1컵, 꿀 2큰술, 멸치액젓 2큰술, 생선누룩 2큰술

식초물 생수 1ℓ + 식초 ½컵

만들기

1. 양파는 깨끗이 손질하여 4등분하고 대파도 3㎝ 길이로 썰어 식초물에 5분 정도 담군 후 체에 밭쳐 물기를 빼고 분량의 생선누룩에 1시간 이상 절인 후 다시 체에 밭친다.
2. 체에 밭치고 절일 때 나온 물에 분량의 재료를 섞어 만든 양념을 넣고 잘 섞는다.
3. 양파와 대파를 넣고 잘 버무린다.
4. 하룻밤 상온에 두었다 냉장 보관한다.

cooking tip

양파를 식초물에 담그면 양파의 매운맛은 빠지고 아삭함이 남아 있게 된다. 그리고 다시 생선누룩에 절이면 양파 특유의 매운맛과 향이 줄어든다. 발효새우젓을 만드는 방법은 이 책 210p에 자세하게 나와 있다.

저염 알배추김치

—

재료

알배추 3포기, 소금누룩(배추 무게의 7%)

양념❶ 마늘 100g, 생강 20g, 양파 80g, 배 150g

양념❷ 고춧가루 2컵, 청양고춧가루 1컵, 쌀꽃요거트 1컵, 발효새우젓 5큰술, 생선누룩 5큰술,
황석어젓 3큰술, 꿀 1큰술

만들기

1. 알배추는 반으로 가르고 뿌리 부분에 칼집을 살짝 넣어 햇볕에 반나절 말린 후 깨끗이 씻어 물기를 제거하고 줄기 부분에 소금누룩을 뿌려 6시간 정도 절인다.
2. 절인 배추는 체에 밭치고 절일 때 나온 물에 믹서에 곱게 간 양념❶과 양념❷를 섞은 후 배추에 골고루 바른다.

cooking tip

배추는 수분이 많기 때문에 반나절 햇볕에 말리고 배추 무게의 7% 소금누룩에 절인다. 햇볕에 말리게 되면 배추의 수분이 적어져서 절이는 소금의 양을 줄일 수 있다. 황석어젓이 없으면 멸치액젓을 사용해도 된다. 햇볕에 말리지 못할 경우에는 10%의 소금누룩에 절인다. 발효새우젓을 만드는 방법은 이 책 210p에 자세하게 나와 있다.

총각김치

—

재료

총각무 2kg, 소금누룩 140g, 쪽파 80g, 꿀 ½컵

<u>양념❶</u> 마늘 100g, 생강 20g, 양파 120g, 배 250g

<u>양념❷</u> 고춧가루 2컵, 발효새우젓 4큰술, 생선누룩 4큰술, 황석어젓 3큰술, 쌀꽃요거트 250㎖

만들기

1. 총각무는 손질하여 식초물에 5분 이상 담가 살균과 매운맛을 줄인다. 5분 후에 한 번 더 헹군다.
2. 총각무를 0.7~1㎝ 두께로 둥근모양이 나오도록 가로로 썰고, 무청은 5㎝ 길이로 썰어 소금누룩에 3시간 정도 절인다.
3. 절인 총각무는 체에 밭쳐 10분 정도 꿀에 버무린다.
4. 총각무 절일 때 나온 물에 믹서로 곱게 간 양념❶과 양념❷에 섞은 후 꿀에 버무렸던 총각무와 쪽파를 넣어 버무린다.

cooking tip

발효새우젓을 만드는 방법은 이 책 210p에 자세하게 나와 있다.

아스파라거스 배추김치

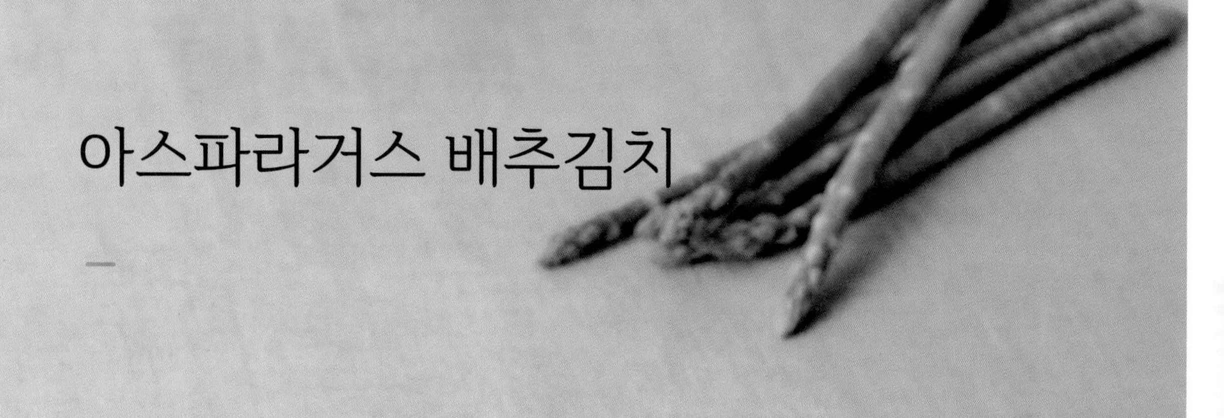

재료

알배추 600g, 아스파라거스 300g, 쪽파 100g,
소금누룩 70g(알배추 + 아스파라거스 + 쪽파 무게의 7%), 매운 홍고추 2개, 맛간장 ¼컵
양념 생선누룩 40g, 바나나 ½개, 배 200g, 사과 100g, 양파 100g, 쌀꽃요거트 200㎖,
빨강파프리카 1개, 마늘 50g, 생강 10g, 액젓 1큰술, 고춧가루 100g

만들기

1. 알배추는 손질하여 잎 한장 한장 떼어 칼로 치듯이 길게 어슷썬다. 아스파라거스는 거친 밑동을 잘라내고 어슷하게 2~3등분한다. 쪽파는 5㎝ 길이로 썬다.
2. ①의 모든 재료를 소금누룩에 30분 이상 절인 후 체에 밭쳐 절인 물을 받아둔다.
3. 절일 때 나온 물과 고춧가루를 뺀 양념을 믹서에 곱게 간 후 고춧가루와 섞는다.
4. 알배추, 아스파라거스, 쪽파, 어슷썬 매운 홍고추와 양념을 버무려 반나절 상온에서 숙성시킨 후 냉장 보관한다.

cooking tip

아스파라거스를 오래 절이면 아삭한 식감이 없어진다.

열무김치

재료

열무 1kg, 얼갈이 600g, 소금누룩 112g(열무와 얼갈이 무게의 7%), 양파 150g, 청양고추 5개, 쪽파 50g

양념❶ 보리밥 100g, 생선누룩 80g, 마늘 50g, 생강 15g

양념❷ 홍고추 300g, 쌀꽃요거트 1컵, 액젓 4큰술, 고춧가루 4큰술

만들기

1. 열무와 얼갈이는 반나절 햇빛에 말린 후 깨끗이 씻어 소금누룩에 3시간 정도 절인다.
2. 양념❶을 믹서에 먼저 곱게 간 후 고춧가루를 뺀 양념❷를 넣고 거칠게 갈아 고춧가루와 열무 절일 때 나온 물을 넣고 섞는다.
3. 양파는 채썰고, 청양고추는 어슷썰어 씨를 털어낸다. 쪽파는 5㎝ 길이로 썬다.
4. 열무, 얼갈이, 양파, 청양고추, 쪽파, 양념을 넣고 버무린다.

알배추겉절이

—

재료

알배추 700g, 소금누룩(알배추 무게의 7%), 부추 150g, 쪽파 70g, 양파 100g, 통깨 1큰술

겉절이양념 생선누룩 ¼컵, 다진 마늘 1½큰술, 생강즙 ½큰술, 고춧가루 ¾컵, 꿀 1½큰술, 쌀꽃요거트 100㎖

만들기

1. 알배추는 잎 한 장씩 사선으로 썰어 반나절 정도 넓은 채반에 펼쳐 말린다.
2. 말린 알배추는 식초를 넣은 물에 깨끗이 씻어 물기를 털어낸 후 소금누룩에 재운 후 체에 밭쳐 절였을 때 나온 소금누룩물은 받아놓는다.
3. 부추와 쪽파는 4㎝ 길이로 썰고, 양파는 채썬다.
4. 체에 밭쳐 받아놓은 소금누룩물에 분량의 재료를 섞어 만든 겉절이양념을 잘 섞는다.
5. 그릇에 절인 알배추와 부추, 쪽파, 양파를 넣은 후 ④를 넣어 버무린다.

cooking tip

배추, 무 등을 햇볕에 반나절 정도 건조시키면 채소의 수분증발로 단맛을 증가시키고 절일 때 소금 사용을 최소화할 수 있다.

매운 양념장

재료

양파 ¼개, 사과 ¼개, 맛간장 150g, 조청 125g, 맛술 120g, 소금누룩 40g, 청양고춧가루 100g, 고춧가루 25g, 다진 마늘 180g, 고추장 200g, 후춧가루 13g, 생선누룩 35g, 꿀 35~40g

만들기

1. 양파와 사과는 믹서에 곱게 간다.
2. ①을 포함한 모든 재료를 섞는다.
3. 냉장고에서 1년 이상 보관 가능하다.

cooking tip

단맛과 생강은 맛의 취향에 따라 가감해서 넣는다.

데미그라스소스

재료

다진 양파 200g, 버터 30g, 밀가루 25g, 레드와인 3큰술

소스 쌀꽃요거트 400㎖, 토마토 3개, 소금누룩 25g, 굴소스 2큰술, 우스터소스 2큰술,
케첩 7큰술, 간장누룩 1큰술, 올리고당 2큰술

만들기

1. 토마토는 껍질을 벗겨 믹서에 갈고 분량의 재료를 섞어 소스를 만든다.
2. 밀가루는 마른 팬에 넣어 갈색이 나도록 오래 볶은 후 꺼낸다.
3. 다진 양파는 팬에 버터를 녹이고 갈색이 나도록 볶는다.
4. 볶은 양파에 볶은 밀가루를 섞으면서 분량의 재료를 섞어 만든 소스를 조금씩 부으면서 끓인다.
5. 눌러 붙지 않도록 약불에서 레드와인도 조금씩 넣으면서 저어 걸쭉하게 끓인다.

cooking tip

버터 대신에 포도씨오일을 사용해도 된다. 구수한 맛, 소스의 농도와 색상조절, 밀가루 냄새를 없애기 위해서 밀가루는 갈색이 나게 볶는다.

부추맛간장절임소스

—

재료

부추 100g

소스 맛간장 3큰술, 청양고추소스 3 큰술, 간장누룩 1큰술, 다진 생강 2작은술, 다진 마늘 1큰술, 식초 3큰술, 참기름 2큰술, 조청 2 큰술

만들기

1. 부추는 잘게 썬다.
2. 분량의 소스 재료와 잘게 썬 부추를 잘 섞은 후 냉장고에 보관한다.

cooking tip

양념장, 채소 볶음요리, 볶음밥 등의 요리에 사용한다.

부추절임장

재료

부추 150g

절임장 다진 마늘 75g, 다진 생강 25g, 고춧가루 1큰술, 식초 ½큰술, 청주 1큰술, 맛술 1큰술, 맛간장 2큰술, 간장누룩 1큰술, 보리누룩된장 ½큰술, 참기름 약간

만들기

1. 부추는 잘게 썰고, 마늘과 생강은 다진다.
2. 냄비에 다진 마늘과 다진 생강, 분량의 절임장 재료를 넣고 끓으면 불을 끈다.
3. 부추를 내열용기에 담고 끓인 절임장을 부어 잘 섞는다.
4. 먹을 때 참기름을 약간 두른다.

cooking tip

밥 먹을 때 양념장을 넣어서 비빈 후 김에 싸먹어도 맛있다. 비빔밥 양념에 고추장 대신 넣어도 맛있고 삼겹살을 구워서 찍어 먹어도 맛있다.

닭조청

—

재료

닭가슴살 300g, 소금누룩 12g(닭가슴살 무게의 4%), 편썬 생강 50g, 배즙 1½컵, 조청 1kg

만들기

1. 닭가슴살은 얇게 저며 분량의 소금누룩을 발라 1시간 이상 재운다.
2. 김이 오른 찜기에 편썬 생강과 닭가슴살을 찐다.
3. 찐 생강과 닭가슴살, 배즙을 믹서에 넣어 곱게 간다.
4. 냄비에 ③을 넣고 조청을 넣어 중불에서 서서히 끓인다. 주걱으로 쭉 올렸을 때 천천히 떨어지면 완성된 상태다. 또는 전기밥솥 취사 버튼을 눌러 일정 온도에서 30분 정도 끓이면 완성된다.

cooking tip

다른 조청과 달리 동물성 단백질이 들어 있어 부족한 영양을 함께 보충할 수 있고 어린이와 노인의 몸보신 건강식으로도 좋다. 겨울 감기 예방에도 도움이 된다.

생강 도라지조청

재료

생강 100g, 배즙 3컵 + 1컵, 도라지 200g, 소금누룩 1큰술, 조청 1kg, 꿀 200g, 대추 약간

만들기

1. 생강은 껍질을 벗겨 배즙 3컵과 같이 믹서에 곱게 갈아 30분간 그대로 두었다가 생강분이 가라앉으면 위에 맑은 물만 따른다.
2. 도라지도 배즙 1컵과 소금누룩을 넣어 곱게 간다.
3. 냄비에 ①과 ②, 그리고 조청, 꿀을 넣고 중불에서 서서히 끓인다. 주걱으로 쭉 올렸을 때 천천히 떨어지면 완성된 상태다. 또는 전기밥솥 취사 버튼을 눌러 일정 온도에서 30분 정도 끓이면 완성된다.

cooking tip

도라지와 소금누룩을 넣고 믹서에 갈아 잠시 두면 도라지의 쓴맛이 제거된다. 감기 기운이 있거나 기침이 심할 때 그냥 먹거나 뜨거운 물에 타 먹으면 좋다.

채소, 육류, 어패류 모두 50℃ 물로 씻어라!

—

시든 잎채소를 50℃ 물에 씻으면 잎이 되살아나는 것을 볼 수 있다. 채소뿐만 아니라 육류나 어패류도 50℃ 물로 씻으면 육류의 잡내나 생선 비린내의 원인이 되는 휘발성분을 증발시키고, 수분을 흡수해 맛이 더 좋아진다.

찌는 것에서부터 시작된 '50℃ 세척법'

50℃는 식물 내 아밀라제 효소를 활성화시키고 펙틴의 결합을 세분화하여 탄력을 높이는 데 좋은 온도다. 또한 재료 표면에 붙은 이물질, 산화물질, 휘발성분 등을 제거하는 데도 효과적이다. 실제로 숙주나물을 50℃ 물로 씻으면 색이 선명해지고 씹는 느낌도 더 아삭해진다. 시든 잎채소를 50℃ 물에 씻으면 잎이 되살아나는 것을 볼 수 있다. 이것은 시들면서 수축되었던 식물의 기공이 순간적인 쇼크로 열리면서 수분을 흡수하는 원리다.

채소뿐만 아니라 육류나 어패류도 50℃ 물로 씻으면 육류의 잡내나 생선 비린내의 원인이 되는 휘발성분을 증발시키고, 수분을 흡수해 맛이 더 좋아진다. 씻은 후 50℃ 물에 잠시 담가두면 음식재료의 숙성이 진행되어 더욱 맛이 좋아진다. 단, 채소는 50℃ 세척으로 보관기간이 길어지지만 육류나 어패류는 그렇지 않으므로 50℃ 세척 후에는 바로 조리해야 한다.

50℃ 세척은 온도를 잘 지켜야 효과적이다. 채소는 43℃ 이하에서 부패균이 번식하기 쉽고 55℃ 이상에서는 세포가 파괴된다. 따라서 45℃에서 53℃ 범위를 넘지 않도록 잘 맞춰야 한다. 물의 온도를 50℃로 맞추려면 조리용 온도계가 필요하다. 50℃의 물은 목욕물보다 뜨거운 정도로 손가락을 넣어서 3초 정도 머물 수 있는 온도로 물을 팔팔 끓인 후 바로 같은 양의 찬물을 섞으면 대략 50℃가 된다. 이때 음식 재료를 넣으면 물 온도가 내려가므로 뜨거운 물을 보충해서 50℃를 유지해야 한다.

채소씻기

부드러운 잎채소는 한장 한장 떼어내어 뜨거운 물이 스며들도록 부드럽게 씻는다. 특히 양배추는 잎과 잎 사이에 뜨거운 물이 잘 들어가도록 씻어야 한다. 가지, 파프리카, 단호박, 오이, 토마토 등은 뜨거운 물속에 담근 채 표면을 씻으면 윤기가 나면서 단맛이 증가한다.
뿌리채소는 50℃의 물로 씻으면 흙을 효과적으로 제거할 수가 있어서 껍질까지 먹을 수 있다. 버섯류는 향이 날아가고 물기를 많이 먹어 보통 씻지 않지만 50℃ 물로 씻으면 단맛과 감칠맛이 증가한다.

과일씻기

날로 먹는 과일은 50℃ 물에 씻은 후 1분에서 1분 30초 정도 담가두면 숙성이 진행되어 단맛이 증가한다. 딸기, 앵두 같은 과일도 깨끗하게 씻을 수 있다. 말린 과일은 50℃ 세척으로 표면의 오일코팅을 제거할 수 있다. 씻은 후 50℃ 물에 1~2분간 담가두면 수분을 흡수해 부드럽고 맛있게 먹을 수 있다.

생선씻기

생선을 50℃ 물로 씻으면 미끈거림과 핏물이 깨끗하게 제거돼 비린내를 없앨 수 있고 비늘 제거도 쉬워진다. 말린 생선은 물에 씻으면 비린내가 더 심해지는데, 50℃ 물에 담가 표면을 부드럽게 문지르면서 씻은 후 표면의 물기를 제거하고 잠시 두면 생선살이 부풀어서 감칠맛이 좋아진다. 생선의 산화된 기름을 제거하기 위해서는 1분 30초 정도 충분히 씻어야 한다.

조개류씻기

조개류를 50℃ 물에 3~5분 정도 담가두면 조개가 입을 벌리기 시작한다. 이때 전체를 휘저어가면서 50℃ 물을 바꿔 몇 차례 씻으면 짧은 시간에 해감할 수 있다. 해감 후 물기를 빼면 조갯살이 통통하게 커져 있고 특유의 비린내도 나지 않는다.

육류씻기

육류를 50℃ 물에 담그면 표면이 하얗게 되는데 1분 후에는 선명한 분홍색으로 변한다. 또한 기름기가 제거되어 좋다. 단 씻은 후 물기를 빼서 냉장 보관해야 하고, 그날 바로 조리해야 한다.

채소의 감칠맛이 높아진다!
70℃에서 쪄라!

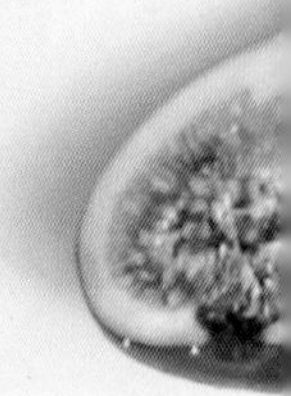

—

100℃에서 시금치를 찌면 수분이 빠지고 숨이 죽어 신선함이 없어진다. 찌기 전보다 찐 후의 중량이 30%나 감소하는데 그만큼 영양 손실이 크다. 반면에 70℃에서 20분간 찐 시금치는 신선한 맛과 촉촉함을 느낄 수 있다.

모든 식물의 세포벽에는 펙틴이라는 물질이 있다

펙틴은 세포를 결합하는 작용을 하는데 100℃로 가열하면 결합력이 없어지지만 70℃에서는 펙틴의 결합력이 그대로 유지되어 영양소 유출이 적다. 70℃에서 채소를 찌면 비타민 C가 파괴되지 않고 단맛과 감칠맛이 증가한다. 식재료에 열의 침투가 균일하게 이루어지므로 특별한 솜씨가 없어도 누구나 맛있는 찜을 만들 수 있다. 부패균이 사멸되어 보존기간도 길어진다. 70℃로 찐 재료는 냉장 보관해도 찐 직후의 맛을 유지한다.

찐 재료는 물기를 제거하고 보관하면 싱싱함이 오래 유지된다. 한 번 찐 재료로 조리하면 튀기거나 볶을 때 기름 양을 줄일 수 있으므로 다이어트에도 효과적이다. 일주일에 한 번 정도 여러 가지 음식 재료를 한꺼번에 쪄서 냉장 보관해두면 조리가 더 편리하고 조리시간도 줄일 수 있다.

조리용 온도계를 사용해서 찜 온도를 측정할 때는 냄비 속의 물 온도가 아니라 수증기 온도를 측정하면 된다. 찜기 위에 온도계를 얹어 뚜껑을 덮고 가열하다가 적정온도에 도달하면 불을 끈다. 수증기가 올라오기 시작하면 온도가 쉽게 내려가지 않는다. 잎채소나 버섯류는 70℃, 콩류와 뿌리채소류는 80~90℃, 육류나 어패류는 80℃의 온도가 적당하다.

채소찌기

배추는 삶으면 잎은 부드러워지지만 줄기는 수분이 빠져 질겨진다. 하지만 70℃에서 찌면 잎과 줄기가 모두 부드러워진다. 잎이 넓은 채소는 잎이 찢어지지 않고 아삭함을 유지한다. 콜리플라워, 파프리카, 피망, 오이 등 채소에 따라 맛을 내는 온도와 시간이 각각 다르지만 대부분 70℃에서 20분 정도 찌면 좋다. 여러 가지 채소를 한 번에 쪄도 된다. 피클처럼 아삭함을 살리고 싶을 때는 50~60℃로 찌면 오랫동안 선명한 색을 유지한다. 무는 찬물을 넣어 찌기 시작해서 85℃까지 온도를 높여 1시간 정도 찌면 부드럽다.

버섯류찌기

버섯은 독특한 맛이 강한 식재료이다. 70℃ 찜을 하면 독특한 냄새가 없어지고 더 깊은 맛과 향이 생긴다. 통째로 쪄서 보존하면 좋다.

육류찌기

육류는 80℃에서 두께에 따라 얇은 것은 10분, 두꺼운 것은 20분 정도 속까지 익힌다. 찜은 육류의 지방이 빠지는 조리방식으로 다이어트식으로 좋다.

생선찌기

생선조림을 할 때 80℃로 찐 다음에 양념장을 넣어 졸이면 생선살이 부서지지 않고 양념이 잘 스며든다.

감칠맛이 배가 되는 꿈의 천연발효조미료

쌀누룩 발효조미료는 기본적으로 요리하고자 하는 식재료 무게의 6% 정도를 사용한다. 끓이고 볶는 요리에 모든 누룩 제품은 불을 끄고 온도를 낮추어서 요리하면 살아있는 효소의 효능을 얻을 수 있다. 이 인자소금누룩익는마을에서 판매하는 쌀누룩 발효조미료를 소개한다.

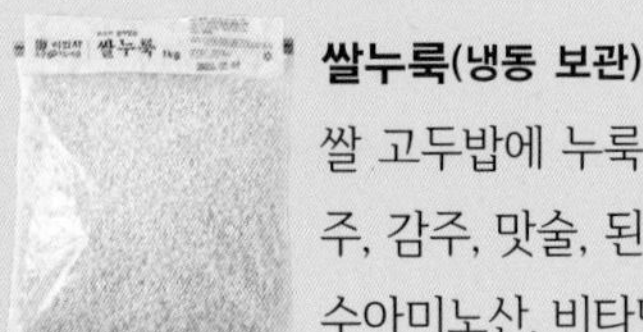

쌀누룩(냉동 보관)

쌀 고두밥에 누룩균을 번식시켜 만든 누룩 쌀을 '쌀누룩'이라고 하며 주로 청주, 소주, 감주, 맛술, 된장, 간장 등의 제조에 사용된다. 쌀누룩은 3대 소화효소 이외에 필수아미노산, 비타민, 미네랄을 다량 함유하고 있어 면역을 강화시키는 기능이 있다.

쌀꽃요거트(냉장 · 냉동 보관)

찹쌀과 멥쌀을 혼합한 후에 쌀누룩으로 발효시켜 무가당, 무첨가로 만든 포도당이 20%나 함유된 영양과 효소가 가득한 발효건강음료다. 피로회복, 혈액순환, 변비 개선, 다이어트, 스트레스 완화, 콜레스테롤 저하, 피부미용 증진, 면역력 강화 등에 효과가 있다.

소금누룩(냉장 보관)

소금누룩은 기본적으로 소금을 이용하는 모든 음식에 사용한다. 식재료 무게의 6% 정도를 바르거나 넣어서 사용한다. 육류와 생선을 숙성, 발효시켜 육류의 식감을 부드럽게 하고 감칠맛과 단맛을 높혀 설탕을 사용하지 않고도 요리가 가능하다. 또한 육류와 생선 특유의 냄새와 비린 맛을 제거해준다.

어디에서 구매하나요?

이인자소금누룩익는마을

울산광역시 울주군 서생면 깨목1길 23-1

Tel_052-286-0500, 052-268-7494, www.소금누룩.kr

간장누룩(냉장 보관)

기본적으로 간장을 넣는 모든 요리에 사용한다. 국물요리, 조림요리, 볶음요리 등 다양하게 사용 가능하다.

생선누룩(냉장 보관)

생선누룩은 국간장이나 액젓을 넣는 모든 요리에 사용한다. 각종 김치 담글 때 액젓 대신 사용하면 김치의 신선도가 오래 유지되고 시간이 지날수록 단맛과 감칠맛이 더해진다. 무침요리에도 감칠맛을 더해준다.

청양고추발효만능소스(냉장 보관)

청양고추의 매운맛과 쌀누룩에 발효된 생선 엑기스의 감칠맛을 절묘하게 조화시킨 다목적 만능소스이다. 돼지고기 수육에 청양고추소스를 곁들이면 절묘한 음식궁합이 된다.

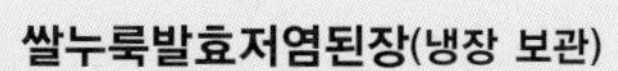

쌀누룩발효저염된장(냉장 보관)

쌀누룩으로 발효시킨 '쌀누룩발효저염된장'은 기존 재래식 된장보다 염도를 1/3수준으로 낮춘 저염된장이다. 쌀누룩이 25%나 들어가 유산균이 풍부하고 감칠맛이 뛰어나 기존의 재래식 된장과는 달리 사계절 언제나 담글 수 있는 새로운 개념의 쌀누룩 발효된장이다.

맛간장

혼합간장과 국산 양조간장의 최적 비율로 만든 간장이다. 감칠맛과 요리의 풍미를 더해준다.

쌀누룩과 함께 한 10년, 자연에서 얻은 천연발효조미료로 만든

'누룩 맛 특별 레시피 100선'

쌀누룩
소금누룩
감칠맛!

참고문헌

1. '50℃ 세척과 70℃ 찜', 主婦友社, 2012
2. 'History of Koji', William Shurtleff & Akiko Aoyagi
3. '면역력 높이는 소금누룩의 맛있는 레시피', COSMIC출판
4. '발효식 만들기', 하야시 히로코
5. '식탁문명론', 이시게 나오미찌(石毛直道) 지음, 안명수 옮김, 유한문화
6. Wikipidea Japan

쌀누룩과 함께 한 10년, 자연에서 얻은 천연발효조미료로 만든
'누룩 맛 특별 레시피 100선'

쌀누룩
소금누룩
감칠맛!

초판 1쇄 2020년 3월 16일
2쇄 2021년 1월 8일

지은이 이인자
펴낸이 송인태, 송이섭

기획 및 책임편집 이영희(요리), 김미란
스타일링 박민재
어시스트 민사라, 장영지, 이다솜
사진 전호성(표지), 김학영
표지 및 디자인 ssuptyler
자료제공 윤용익(한국코지(Koji) 바이오틱스 대표)
그릇협찬 반느(@banne015)

펴낸곳 네오이마주
출판등록 2005년 9월 8일 제2005-000260호
주소 06124 서울특별시 강남구 강남대로106길 25-1
전화 02-546-0633~4, E-mail ssong2000@chol.com

이 도서의 국립중앙도서관 출판예정도서목록(CIP)은 서지정보유통지원시스템(http://seoji.nl.go.kr)과
국가자료종합목록시스템(http://kolis-net.nl.go.kr)에서 이용하실 수 있습니다.
(CIP제어번호 : CIP2020008944)

ISBN 978-89-963353-8-2 13590